1996年春节前中国驻利比亚大使馆经济商务参赞处王宝堃参赞到现场视察慰问

左三是王宝堃参赞、左二是中国土木工程公司驻利比亚代表处代处范金印代表；左一是人工河总指挥赵铁军；右一是副指挥李亚清；右二是范代表夫人

三峡建设委员会现场考察

1998年春节前,中国驻利比亚大使馆经济商务参赞处冯鸿章参赞(左三)到人工河现场视察,慰问期间拜会韩国东亚财团驻利人工河总裁专务理事郑炳泰先生(右三),现场总指挥李亚清陪同(右一)

1998年春节前我驻利比亚大使馆冯鸿章参赞视察现场时与中土驻现场代表及东亚财团现场负责人合影

左四是冯鸿章参赞；左三是现场总指挥李亚清；左二是中土驻利代表马林让；左一是大使馆一秘王宇；右三是韩国驻现场代表崔钟民；右二是大使馆一秘王黎云；右一是现场总工金明东

1997年4月20日中国三峡代表团渠林团长率队来利比亚人工河考察(右四)，现场总代表李亚清陪同(右五)

大使冯鸿章参赞到现场慰问考察期间拜会东亚财团专务理事郑炳泰先生时合影

右四是郑炳泰；右五是冯鸿章参赞；左一是使馆一秘王黎云；左二是现场总指挥李亚清；右三是使馆一秘王宇；右二是中土驻利代表马林让；右一是现场总工程师金明东

浇筑水池垫层混凝土

浇筑水池柱基混凝土

浇筑柱子混凝土，为防止落差过大，用软管导入柱内

施工中的水池

图为利用平板车、吊车往水池现场运送制作成型的钢筋网

施工后的水池顶板一角

施工中的加压泵站

施工中的塔胡那水池

施工中的截流阀室钢筋、模板

施工中的水处理车间

施工中的管路节点

小型分流阀节点

世界最大的输水工程
利比亚大人工河

主 编 张亚平 赵铁军
编 著 张亚平 刘丰林
        张文和 张宝安
策 划 李亚清
主 审 张 杰

中国建筑工业出版社

图书在版编目（CIP）数据

世界最大的输水工程 利比亚大人工河 /张亚平，赵铁军主编．—北京：中国建筑工业出版社，2003
ISBN 7-112-05604-7

Ⅰ.利… Ⅱ①张…②赵… Ⅲ.地下渠道－工程施工 Ⅳ.TV672

中国版本图书馆 CIP 数据核字（2002）第 104198 号

世界最大的输水工程
利比亚大人工河

主　编　张亚平　赵铁军
编　著　张亚平　刘丰林
　　　　 张文和　张宝安
策　划　李亚清
主　审　张　杰

*

中国建筑工业出版社出版、发行(北京西郊百万庄)
新 华 书 店 经 销
北京嘉泰利德公司制版
北京建筑工业印刷厂印刷

*

开本：850×1168 毫米　1/32　印张：5½　插页：4　字数：146 千字
2003 年 4 月第一版　　2003 年 4 月第一次印刷
印数：1—3,000 册　　定价：**12.00** 元

ISBN 7-112-05604-7
TU・4923(11222)

版权所有　翻印必究
如有印装质量问题,可寄本社退换
（邮政编码 100037）
本社网址:http://www.china-abp.com.cn
网上书店:http://www.china-building.com.cn

举世瞩目的利比亚大人工河输水工程是当今世界上输水管线最长、管径最大、投资最多的远距离输水工程,它把撒哈拉大沙漠丰富的地下水通过管道输送到北部地中海沿岸人口密集区。本文结合该工程的实际情况介绍长距离大管径输水管道工程施工工艺过程,特别指出一些笔者认为值得注意的施工问题。通过具体实例阐述了钢套筒预应力混凝土管(PCCP管)的特性,铺设的基本方法,有关注意事项等;对牺牲阳极法防腐以及整套系统的原理、PCCP管的腐蚀程度监测、测试线连接以及系统的安装和试验等技术等进行详细的介绍。同时对地下式特大型钢筋混凝土有盖贮水池的施工计划、组织、工艺等进行简要介绍,总结了一些关于特大型贮水池的施工缝的设置及技术处理的经验,尤其是减少钢筋混凝土水池裂缝的施工经验。最后绘出利比亚大人工河输水工程中一些特殊附属构筑物的实例简图,供读者进一步地了解这个特大型输水工程。

本书可供从事给排水工程设计、施工、监理工作的工程技术人员在日常工作中参考。

一部水利工程的技术总结

——为《世界最大的输水工程利比亚大人工河》一书作序

一望无际的撒哈拉大沙漠,将诞生一座世界上最大的人工水利工程——利比亚大人工河工程,在这个举世瞩目的建设中,锦州工程(集团)有限责任公司的员工们走出国门,他们以铁路工人勇于拼搏、敢打硬仗的精神,在恶劣的自然条件、陌生的社会环境、高新的水利工程技术及思想机制不适应的情况下,夜以继日、顽强拼搏,终于打出了国威,完成了利比亚大人工河工程。

锦州工程集团的建设者们,从建设初期,他们就着手组织收集工程建设资料,把他们在工程实践中采用的工艺方法整理归纳,以期在我国的现代化建设中为我所用。本书用大量篇幅总结了人工水利工程的设计理论、施工工艺和技术要点,内容翔实具体,是一部不可多得的实践总结。开卷纵览,好似亲身投入到火热而严谨的工程建设之中,对我,以及我的同行们,一定会增加开阔的视野和有益的借鉴。

在利比亚工程的建设中,我与总承包商洽谈合同曾到过那里,为建设者们的精神和作风而感动。早在一年前我就受邀要为本书做序,在案头阅读此书初稿之时,倍感自豪——为锦州工程集团的建设者们自豪,感谢编写此书的作者,欣然提笔作序,愿此书能为水利工程建设者们提供一点有益的参考。

前　言

利比亚大人工河是一项规模巨大的地下输水工程。主管路内径 4.0m，一、二期工程管路总长 3584 公里，沿线设有水池、泵站、水处理站以及各类附属构筑物。此项工程的目的是将利比亚南部沙漠地带（撒哈拉沙漠一部分）的地下水输送到北部及沿途，用于农业、工业和生活用水。该工程始建于 1983 年，至今一、二期工程已竣工，并部分投入使用，三期工程于 2000 年 7 月份正式开工。

1994 年 5 月，铁道部中土公司（CCECC）与施工总承包方韩国东亚财团（DAC）签订分包合同，作为铁道部中土公司施工队伍的沈阳铁路局锦州工程（集团）有限责任公司承揽了利比亚人工河项目的施工。至今已先后派出工程技术人员，管理人员、操作人员 2187 人次。历任总指挥有 宋柱元、方民强、赵铁军、李亚清、李德友等；历任总工程师有张宝安、杨深、刘丰林、张文和等。至 2000 年 6 月，共完成大小水池 10 座、泵站 7 座、水处理站 3 座，大型溢流阀室 14 个、截流阀室 40 个以及各种附属构筑物等，总计完成混凝土量 61 万 m^3，铺设 PCCP 管路 425.6km。工程质量全部达到优良，在七个国家的分包工程中我们首屈一指、堪称一流，受到利比亚（Libya）业主、韩国总承包方（DAC）及英国监理公司（Bran-Root）的高度评价。

1995 年至 2001 年间，我方接受中国驻利比亚大使馆大使、参赞到施工现场视察、慰问五次；接待中国三峡工程考察团一次；接受英国代表团、韩国代表团和各国驻利比亚大使馆代表团参观、检查三次。

利比亚大人工河工程，因其规模巨大，备受世人瞩目。作为施工队伍之一的沈阳铁路局锦州工程（集团）有限责任公司，因参与了二、三期工程的施工，所以对此工程的了解比较系统、全面。在主管局长陆俊生和集团公司总经理赵铁军、副总经理李亚清的大力支持下，我们根据掌握的资料和实践施工经验，通过收集和整理，特编写此书。可为国内类似工程的设计和施工提供有益的参考和借鉴。

　　本书的主要编写人员有：第一部分为沈铁锦工集团刘丰林；第二、三部分为沈铁锦州勘测设计院张亚平；第四部分为沈铁锦工集团张文和。本书在编写过程中，参考了许多文献资料，恕未一一列出，为此表示诚挚的歉意。感谢共同工作在利比亚大人工河工程工地上的韩国、英国、菲律宾等许多国外工程技术人员在技术方面的合作与帮助；感谢给水排水专家——中国工程院院士张杰先生在百忙之中对本书进行的审阅和大力支持，感谢张老师对我们的悉心指导和提出的宝贵意见。

　　鉴于编者水平所限，书中难免有疏漏或错误，恳请读者批评指正；书中有许多技术和观点也愿与有关的专家学者进行讨论。

编　者

目　录

第一部分　长距离输水管道工程的施工 …………………（1）
　第一节　长距离输水管道工程的特点 …………………（1）
　　一、长距离输水管道工程的特点 ………………………（1）
　　二、输水方案的确定 ……………………………………（2）
　　三、管道工程的施工设计 ………………………………（6）
　第二节　长距离输水管道工程的施工 …………………（8）
　　一、施工交底 ……………………………………………（8）
　　二、现场核查 ……………………………………………（8）
　　三、施工测量 ……………………………………………（9）
　　四、施工组织 ……………………………………………（9）
　　五、施工中的注意事项 …………………………………（11）
　　六、沟槽开挖 ……………………………………………（12）
　　七、下管与稳管 …………………………………………（13）
　　八、沟槽回填 ……………………………………………（14）
　　九、运行维护 ……………………………………………（14）
　第三节　管道在土壤中的腐蚀原因及对策 ……………（15）
　　一、概述 …………………………………………………（15）
　　二、钢质管道在土壤中的腐蚀原因 ……………………（16）
　　三、钢质管道在土壤中的防腐蚀对策 …………………（17）
　　四、管道沿线土壤腐蚀性分析及牺牲阳极材料的选用 …（21）
　　五、阴极保护系统的检测与维护 ………………………（22）
　　六、常见的几种异常现象及其可能的原因 ……………（23）
第二部分　利比亚大人工河输水工程 …………………（25）
　第一节　利比亚大人工河工程简介 ……………………（25）

一、利比亚大人工河工程简介 …………………… (25)
　　二、东线输水系统 ………………………………… (27)
　　三、西线输水系统 ………………………………… (29)
第二节　PCCP管的应用 …………………………… (32)
　　一、概述 …………………………………………… (32)
　　二、PCCP管的优点 ……………………………… (33)
第三节　PCCP管的铺设 …………………………… (34)
　　一、PCCP管铺设的顺序 ………………………… (34)
　　二、管沟的开挖 …………………………………… (35)
　　三、卸管和置放 …………………………………… (35)
　　四、插口上搭接条的焊接 ………………………… (36)
　　五、垫层的回填和修整 …………………………… (36)
　　六、密封圈安装 …………………………………… (37)
　　七、管件铺设 ……………………………………… (38)
　　八、第一次接缝耐压试验 ………………………… (39)
　　九、外部接缝灌浆封堵 …………………………… (39)
　　十、管道外部接缝的包裹保护 …………………… (40)
　　十一、管沟回填 …………………………………… (40)
　　十二、搭接条焊接到承口的凹槽上 ……………… (45)
　　十三、第二次接缝耐压试验 ……………………… (45)
　　十四、封堵管道的内部接缝 ……………………… (45)
　　十五、管道内部的清洗 …………………………… (46)
　　十六、合拢管段的连接 …………………………… (46)
　　十七、靠近附属构筑物的管道铺设 ……………… (46)
第四节　第一次通水的充水程序 …………………… (50)
　　一、第一次通水的充水控制方案 ………………… (50)
　　二、第一次通水的充水控制设施 ………………… (51)
　　三、集水管线第一次通水的充水控制步骤 ……… (52)
　　四、输水管线第一次通水的充水控制步骤 ……… (52)
　　五、水质的确认 …………………………………… (60)

六、简明输水管线的充水次序 …………………………… (61)
　　七、第一次通水水力轮廓线 ……………………………… (62)
第三部分　对 PCCP 管腐蚀的运行监测 ……………………… (64)
　第一节　PCCP 管的腐蚀运行监测技术 ……………………… (64)
　　一、概述 …………………………………………………… (64)
　　二、腐蚀减小方案 ………………………………………… (64)
　　三、监测的过程 …………………………………………… (66)
　　四、确认试验 ……………………………………………… (69)
　　五、监测频度 ……………………………………………… (71)
　　六、试验的规程 …………………………………………… (71)
　第二节　阴极保护系统的安装、试验和试运行过程 ………… (74)
　　一、概述 …………………………………………………… (74)
　　二、安装 …………………………………………………… (75)
　　三、试运行及运行监测 …………………………………… (84)
　　四、阴极保护系统安装材料的使用 ……………………… (85)
　第三节　测试线连接技术 ……………………………………… (87)
　　一、设计条件 ……………………………………………… (87)
　　二、概述 …………………………………………………… (87)
　　三、特殊要求 ……………………………………………… (91)
　　四、设备和材料设计 ……………………………………… (100)
　　五、制作 …………………………………………………… (106)
　　六、安装 …………………………………………………… (110)
第四部分　特大型附属构筑物的施工 ………………………… (113)
　第一节　嘎拉布里调节水池的施工组织设计 ………………… (113)
　　一、工程概况 ……………………………………………… (113)
　　二、施工的基本顺序 ……………………………………… (114)
　　三、施工的组织管理 ……………………………………… (115)
　　四、施工的总体安排 ……………………………………… (115)
　　五、主要项目的施工方法 ………………………………… (119)
　第二节　超大型水池施工缝的设置及施工处理 ……………… (131)

一、施工缝的重要性 …………………………………（132）
二、施工缝的设置 ……………………………………（132）
三、施工缝施工的注意事项 …………………………（134）
四、避免混凝土出现裂缝的施工及其修补经验………（135）
第三节 附属构筑物的构造简图……………………（137）

第一部分　长距离输水管道工程的施工

第一节　长距离输水管道工程的特点

一、长距离输水管道工程的特点

改革开放以来，国民经济快速发展，城市用水量大幅度增加，大多数城市附近水源已不能满足城区的用水要求，需要在距离城市较远的地区开发新水源，因而长距离输水管道工程的设计与施工就成为一个新的课题。现在国内已经实施且完成了青岛引黄、天津引滦、西安引黑、大连引碧、上海黄浦江上游引水工程等较大型长距离输水工程，积累了一些关于长距离输水工程的设计、施工、管理等经验。

长距离输水管道工程投资大、重要性高，一旦发生事故，后果严重。因此，保障长距离管道工程建成后能安全稳定、经济地运行是设计工作者和施工技术人员比较艰巨的任务，我们必须给予高度重视。

长距离输水管道工程较一般管道工程有其自身的特点，在设计和施工中要针对这些特点采取相应的处理方法。长距离管道工程由于管道直线连续距离长，所经地区施工条件比较复杂，施工队伍分散，故施工管理难度比较大。由于长距离管道工作压力比较高，尤其在通过山区、丘陵地段，管道在凸起部分产生"气囊"的可能性增多，造成对管道损坏的可能性也就加大。另外，因其供水距离长、重要性大、且与人民的日常生活密切相关，故可以认为供水管道是城市的生命线，不允许出现任何断水事故，也就是对管道的可靠性要求特别高。长距离输水管道工程的输水管径一般都属于超大规格，难于维修或者替代，因此在设计和施工中必须考虑管道的使用寿命问题，并采取可行的技术措施保证管道在设计年限内能正常使用。由于投资限制，一般不能修建备用输水管道，故对管道施工质量要有更高的要求，并要求附设相当容量的安全贮水池，用以作为输水管渠发生故障时的临时供水。

在远距离输水工程中，地形往往有起伏，一般采用分级增压输水和重力输水两种形式。在输水管线的适当位置设置调节水池和加压泵站，可以避免在输水管内产生的负压，减轻由于水锤所带来的危害，并为输水系统提供一定的调节贮水量。

二、输水方案的确定

（一）远距离输水工程中管材的选用

根据经验，一般的给水工程，其输配水工程投资约占工程总投资的50%～60%，长距离输水的给水工程占的比例就更大些。因此，在整体布置合理的前提下研究输水管材的经济性和可靠性就显得十分必要。现在，常用的输水管材有球墨铸铁管、普通给水铸铁管、钢管、硬聚氯乙烯给水管（UPVC管）、预应力混凝土管、预应力钢套筒混凝土管（PCCP管）、离心浇铸增强树脂夹砂复合管（HOBAS管）、现浇钢筋混凝土暗渠等多种输水管道材料可供选用。每种管材都有其优点，也都有各自的缺点。因此，我们在进行远距离输水工程输水方案的确定过程中必须对管材的选用进行多方面比选，充分考虑管内的工作压力、外部荷载、土壤性质、施工维护和供水安全等条件后方可决定最后的输水方案。

管材的比选，我们认为要从以下几个因素考虑：

第一、管材的安全可靠性

大口径的输水管线均为城市或企业的生命线。国内引水工程多为单条管线，虽然引水工程中有蓄水设施，但蓄水量有限，允许管线抢修时间都很短，因而不允许管线出现爆管、发生大量漏损事故；另外，水资源是一种不可再生的人类财富，在我国显得尤为重要，不允许在输水过程中发生流失事故，所以管材质量应作为第一比选因素。

渠道的施工难度较大，必须慎重处理好渠道中的沉降缝，防止因沉降不均引起的止水带漏水。天津的引滦工程、上海的黄浦江上游引水工程都是采用长宽尺寸在3m以上的方形现浇钢筋混凝土暗渠。这两个大型暗渠引水工程都发生多次漏水事故，且维修相当困难。另外，渠道的施工周期较长，投资也较高。因此，能够采用管道的工程，最好不要采用现浇暗渠，要优先考虑采用工厂化生产的成品管。

预应力混凝土管在国内输水工程中已使用多年，生产厂家大多采用振动挤压成型，管体中有空鼓或出现裂缝，存在渗漏问题；因为承口可能是不规则圆形，存在接口不严的问题；在已建输水管线中出现的爆管事故和漏水的情况屡见不鲜。因此，就安全性要求而言，大口径的输水工程不能采用预应力混凝土管。

钢材有极好的机械强度，钢板制成的管道可以承受极高的内压和外压，且可以加工成各种管件。在穿越障碍较多、地形复杂的地段时，钢管有很强的适用性。但对钢管做好防腐的难度比较大，由于局部腐蚀易发生穿孔，存在极大的事故隐患，对供水的安全性构成威胁。根据经验，输水管径大于1.2m以上的管道，在地形复杂的地段可大量采用钢管。

第二、管材的价格、施工费用

管材的价格要综合考虑，钢管费用要计入其防腐费用，预制的混凝土管要计入运输费。在施工费用中，土方费用几种管材相差不多；运输费和吊装费，预制的混凝土管和PCCP管较多；电费、排水费，钢管较多。

球墨铸铁管和玻璃钢复合管的防腐、运输、吊装等性能均很好，但管径大于1.5m的管道其价格昂贵，且需要从国外进口。PCCP管自重较大，运输、吊装费用较高，但综合所有建设费用，

PCCP管并不比其他管材的建设费用高。

第三、管道运行费用、维护管理费用

用钢管作输水管道，必须做好管内、管外的防腐工作，钢管的外防腐要求采用涂层保护和电化学保护的作法。由于操作技术、现场条件、材料质量等因素影响，仅采用涂层保护方法其接口处的现场防腐质量难于保证，通常还得采用阴极保护（外加电流阴极保护或牺牲阳极保护）等电化学防腐方法。电化学保护要增加钢管敷设的投资，增加管理维护费用和工作量。在现场焊接、接缝处的内外防腐及检验，均要求有电源，也增加了施工排水时间。因此，钢管在现场的工作量也要大一些。

对于长距离输水的管道工程，应从工程的规模、重要性、对管道口径及工作压力的要求、工程地质、地形、外荷载状况、工程的工期要求、资金的控制等多方面进行综合分析比较后才能确定管材的类型。经过多方面因素的比较，在较大型输水工程中，笔者认为应把PCCP管作为首选管材，在过河、过铁路及多障碍等工程难点区段应采用钢管。

（二）输水管线上的附属设施

给水工程输水管线上的附属构筑物主要有各种井室、管道支墩、贮水池和加压泵站等附属构筑物。

1. 管道支墩：在压力管道上，管道内的水压通过弯头、三通、堵头和叉管等处会产生很大的拉力，可能产生接头松动脱节的现象，为防止损坏输水管线，应根据管径大小、转角、管内压力、土质情况及设计要求等条件设置管道支墩。支墩材料可采用砖、石、混凝土或钢筋混凝土等，砖的强度等级应不低于MU7.5；片石的强度等级应不低于MU20；混凝土或钢筋混凝土应不低于C10；砌筑用砂浆应不低于M5。

2. 井室：输水管线应根据工程的具体情况设置截流阀、分流阀、排气阀、检修入孔、排泄阀、流量控制站等附属设施。

截流阀：为了保证事故检修，在输水管线上每间隔一定距离设置一个截流阀井室；在贮水池的进出水口均要求设置截流阀井室。

排气阀：为了管道停运、修理、启动及防止发生拉断水柱水锤，在输水管道的隆起点和平直段的必要位置上，设置自动进气和排气的排气阀，用以排除管内积聚的空气，不使输水管道发生气堵现象。在管道需要检修放空时，通过排气阀可进入空气，保持排水通畅。当管道产生负压水锤时，排气阀可自动补气；正压水锤时，利用管内积气作为弹性体以减少水锤压力。正常情况下，在管线的较高点和管线平直段每隔 500~800m 均需设置排气阀。

检修入孔：在输水管线上每间隔 600m 左右设置一个检修入孔，以备将来检查和发生事故时人员进出，方便从管道内部进行检修。

排泄阀：在输水管线的低凹处须安装排泄阀和排水管，用以排除管道中的沉淀物以及供检修时放空管道内的存水。排泄阀和排水管的直径应根据要求的放空时间通过计算确定。如果地形高程允许，应把水直接排入河道或沟谷；否则要建集水井，再用水泵将水排出。

泄压阀：在输水管线上安装泄压阀，在泄压阀后面再安装排泄阀，排泄阀要处于常开位。预先设定泄压阀的压力标准，如果管道压力超过设定的压力，泄压阀会自动打开，通过泄水阀排水，这样可以有效地泄去管道压力削减能峰，保证管道正常运行；一旦管道压力小于设定压力，泄压阀会自动关闭。

3. 水锤消除措施：由于停泵水锤可能导致泵站和输水系统发生严重事故，因此，在设计过程中应分析出现水锤的可能性，根据工程的具体情况采取相应的技术措施来消除停泵水锤或消减水锤压力。(1) 降低输水管线的流速，可在一定程度上降低水锤压力，但会增大输水管管径，增加工程投资。(2) 进行输水管线布置时，应尽量避免出现驼峰段和坡度剧变段。(3) 设置水锤消除装置：在管道的隆起处设置自动排气阀以防止启泵水锤；在水泵出口附近设置水锤消除器、缓闭止回阀、气囊式水锤消除器、调压塔、空气室和安全阀等设施。

4. 对于重力输水的管线，当地面坡度较陡时，应在适当位置设置跌水井、排气孔（阀）、调压塔、减压阀门（井）、减压孔板等控制水压的技术措施。

在洛阳市陆浑引水工程中，引进法国生产的一种减压装置，其结构简单，运行中不需要人员看管和操作，可减少大量的运行费用。这种减压装置既可以调节管道内的压力，起到消能作用，又可以控制进水量，起到调节水量的作用，在法国已安装使用多年，效果很好。通过自1997年投入实际运行效果来看，它是目前长距离输水管道消能和调节水量较理想的装置。

5. 调节站：调节站主要由调节水池和加压泵房组成。对于大型的输水工程，为了降低输水管网的压力，可在输水管网的适当位置建造调节水池和加压泵站，兼起调节水量和增加水压的作用；为了满足要求的水压，在输水管网末端的延伸地区可设置调节水池和配水泵站。对于远距离输水工程，为了输水干管较均匀输水，可在靠近用水区和井群集水区设置调节水池和加压泵站；当输水距离较远，由于考虑投资，仅铺设一条输水管线时，需要同时修建有相当容量的安全贮水池和加压泵站，用以作为输水管渠发生故障时的供水。调节水池的容量和泵站的供水能力均需要根据工程实际情况，经过大量的计算工作后才能确定。

为了确定调节水池的位置，要根据流量和拟定的输水管径确定水流速度和沿程的水头损失，并绘出均匀输水时的水力坡度线。我们要依据绘制水力坡度线和管道沿线高程图选定调节水池位置。调节水池的水位标高要高于水力坡度线；水池下游的管线标高要在水力坡度线以下，以避免输水管内出现负压。

三、管道工程的施工设计

（一）管道工程的施工设计内容

1. 输水管线总平面图及其局部详图和纵断面图，附属构筑物平面图及其局部详图和剖面布置图，机械设备安装图。

2. 在施工设计的说明书中要明确分段施工顺序，环境保护及节约能源的具体技术措施。

3．施工降水、排水、沟槽支撑及地基处理措施。

4．砌筑、现浇及装配管渠等的施工方法。

5．安全施工、安全运营及保证质量的具体措施。

（二）管道敷设及其附属构筑物的施工设计

1．进行管道工程的施工设计应该搜集的基础资料：（1）国家或主管部门批准的区域规划文件和设计任务书；（2）关于该区域的现状和近期以及远景发展方面的资料，其中包括：区域地形图及规划总图、现有地下管线及构筑物的布置情况；（3）应掌握的自然资料有：区域气象资料、区域水文地质资料、区域工程地质资料；（4）其他资料：河流公路铁路的交通状况及类别；（5）主要工程材料的供应情况以及环境保护方面的有关资料。

2．输水管渠线路的选择应遵守的原则：（1）尽量缩短线路长度；（2）减少拆迁，少占农田，保护环境；（3）管渠的施工、运行和维护方便，并节约造价；（4）要贯彻远近期结合，以近期为主的方针，并适当考虑发展的可能。

3．根据国家有关规范、规程标准、规定及其输送的水量确定输水管径、管顶埋深及输水管线上的附属构筑物分布等。

4．管道基础：敷设管道前，应充分了解沿线地段的土壤性质、地下水位的情况，根据实际地质状况采用相应的管道基础。应尽量把管道敷设在土壤耐压强度较高、未经扰动的天然地基上；施工时要求采取适当的排水措施，防止地基扰动。在岩基上，应要求铺设一定厚度的砂垫层；对于湿陷性黄土、冻土、松软土、饱和土、膨胀土等特殊地区，应根据有关规范进行特殊处理。

5．施工排水：设计人员应该根据工程地质勘探资料以及工程周围环境、气象等资料，进行分析评价并预测可能产生的后果，确定施工排、降水的方法并提出施工防护和监测等必要的工程措施。

编制施工排水部分的施工设计，应包括以下主要内容：（1）

排水量的计算;(2)排水方法的确定;(3)排水系统的平面和竖向布置,观测系统的平面布置以及抽水机械的选型和配备数量。

第二节 长距离输水管道工程的施工

一、施工交底

施工交底是实施施工管理的重要环节,应予以足够的重视。交底时,由设计工程师向施工队伍讲清工程意义、设计要求、工程质量要求、环境条件、施工进度、操作方法、质量目标、技术要点、环保要求、安全措施及主要经济技术指标等。对技术关键部位还要组织专题交底,使每一位施工人员都明确自己的任务和目标。

施工单位要对施工图及所有施工文件认真学习、研究、了解设计意图和要求,并进行现场踏勘,重点检查环境保护、建筑设施、公共管线、交通配合、地区排水以及工程施工等情况,考虑必要的技术措施和要求,在图纸会审时提出意见。

二、现场核查

认真分析建设单位提供的地质勘探报告中的工程地质、水文地质资料、工程范围内现有地下构筑物和管线的详细资料。对于所有资料应进行现场核查,经过现场核查后的资料才能作为编制施工组织设计的依据。

在工程开工前,还必须办好施工执照(包括掘路执照、施工许可证和临时占用道路许可证等),并与工程所在地的有关单位、部门取得联系,召开施工配合会议,取得支持,搞好协调配合工作。

接受工程任务后,在深入调查研究和现场核实的基础上,根据工程性质、特点、地质环境和施工条件,提出施工方案,编制施工组织设计和施工图预算,安排劳动力、材料供应和施工机具的配备,有效地指导和组织施工。

三、施工测量

（一）桩橛交接：施工单位在开工前应请设计单位到工地共同进行交接桩工作，在交接桩前双方应共同拟定交接桩计划。交接桩时，由设计单位备齐有关图表，包括基线桩、辅助基线桩、水准基点桩、构筑物中心桩以及各桩的控制桩和护桩示意图等，并按上述图表逐个桩橛地进行交点。水准点标高应与邻近水准点标高闭合。施工单位接桩完毕，应立即组织力量复测，接桩时应检查各主要桩橛的稳定性、护桩设置的位置、个数、方向是否合乎标准，并应尽快增设必要的护桩。交接桩完毕后，双方应做交接记录，说明交接情况、存在问题及解决办法，并由双方交接负责人及具体交接人员签章。

（二）测量放线：给水管道放线，一般每隔20m设一个中心桩。在检查井处、变换管径处、分支处、阀门井室处均应设置中心桩，必要时要设置护桩或控制桩。

（三）临时水准点的设置：开工前应根据设计图纸和由建设单位指定的水准点放设临时水准点，临时水准点应设置在不受施工影响的固定构筑物上，并应妥善保护，详细记录在测量手册上。

四、施工组织

（一）施工组织的内容

1. 施工组织的内容

施工组织主要包括工程概况、施工部署、施工方法、材料、主要机械设备的供应、施工质量保证、安全、工期、降低成本和提高经济效益的技术措施、施工计划、施工总平面图以及保护周围环境的措施等。对主要施工方法，还要分别编制施工设计。

2. 施工组织要点

长距离输水管道一般施工条件比较复杂，施工队伍布置分散，难于管理。为了保证施工质量，必须采取科学、合理的施工组织措施，必须制定严格的施工组织程序。

（1）制定长距离管道施工标准化作业细则，并严格执行。应突出管材选择、接口操作细则；突出基础处理、管道安装、水压试验等重要施工环节，详细规定施工工艺、操作要点及验收标准，为控制长距离管道工程的施工质量奠定基础。

（2）加强施工监控。重要工序（如基础、接口、水压试验等）完工后应通过自检和中间验收后才可进行下一道工序。

（3）管道施工宜从水源开始。管道从水源开始向外延伸施工，已完工的管道可作为向正在和待施工工地的供水管道，以解决施工用水问题。还可以做到施工一段，使用一段。既可以发挥投资效益，又可检验施工质量，使施工中的问题在竣工验收前尽早暴露，及时处理。

（二）施工组织设计

大型管道工程施工应编制施工组织设计，一般的管道工程施工应编制施工方案。施工组织设计应在充分调查研究的基础上，根据工程性质、特点、地质环境和施工条件等进行编制，以有效地指导施工。工程承包合同、合同附件、施工图纸、预算文件以及建设单位发送的"图纸会审纪要"等都是编制施工组织设计的必要依据。

1. 编制施工组织设计的原则

（1）认真贯彻党和国家对工程建设的各项方针和政策，严格执行建设程序和国家颁布现行的有关规范、标准和规定。

（2）遵守工程施工工艺及其技术规律，坚持合理的施工顺序及施工程序；尽量采用先进的施工技术，合理地确定施工方案，确保工程质量和安全施工；缩短施工工期，降低工程成本。

（3）采用网络计划技术、流水作业原理及系统工程等科学方法，组织有节奏、均衡地施工；合理地安排冬、雨季和汛期施工项目，保证全年生产连续性。

（4）认真执行工厂预制和现场预制相结合的方针，不断提高工程施工的工业化程度。

（5）扩大机械化施工范围，提高机械化施工程度，充分利用现有机械设备；改善劳动条件，提高劳动生产率。

(6) 充分利用现有建筑，尽量减少临时设施，合理储存物资，减少物资运输量；科学布置施工平面图，减少施工用地。

2．施工的组织设计图

(1) 施工总平面图

工程分段、施工程序及流水作业运行方向；施工机械、材料、成品、土方堆放及临时设施、便道等分布情况；变压器的位置、接水、接电及其用量。

(2) 施工断面图

施工断面图包括沟坑、起重机械、便道、交通隔离、施工排水、支撑、地基加固等横断面布置形式。

(3) 施工工艺图

包括原有管道封塞的位置和专用管堵、木塞、砖砌等方法，以及铺设临时管道的走向和接通方位等；现场交通和运输路线等安排；根据施工作业需要的井点布置形式和周转程序；现场施工沉降的影响范围、地面构筑物和地下管线的拆迁范围或加固措施，绿化树木需迁移部分的数量和要求；公共事业管线的拆迁长度和要求，以及采取加固措施的断面示意图。

五、施工中的注意事项

1．爆管事故

在大量的长距离输水管道爆管事故中，由于管材原因造成的占相当大的比例。如管材质量差，不同压力级别的管子混用，运输、装卸、下管、接口处理等过程不按技术规程进行，铺设时对管子疏于检验，以至造成后患。

2．管道基础

长距离管道断裂事故中，因基础下沉而造成事故的占相当大的比例。在管道通过岩石地区，需要爆破开挖沟槽；如果管基不平整将会造成管道和基础接触不均匀，管线覆土通水后可能产生应力集中而断管的事故。管道通过软土地区时，地基若不加处理或处理不当，则可能造成管道下沉而断裂的事故。

为使管道受力均匀，要加强对管道基础的处理。凡石方爆破地区，要加铺0.15m的砂垫层，不得因在岩石地区缺少砂源而省去砂垫层，严禁在铺管时将管道两头填土使管道悬空。

3. 附属构筑物

长距离输水管道上主要有各种井室、管道支墩、贮水池和加压泵站等附属构筑物。附属构筑物构造差异很大，具有不同的特点并要求使用不同的施工方法。施工时必须统筹安排，避免各工种间相互干扰；也就是要求土建施工必须密切配合其他各工种的施工，尤其对预埋件要特别给予足够的重视。井室或管道支墩基础应与管道基础同时浇筑，管道支墩上半部和井壁要在稳好管件并做好管道接口后方可砌筑或浇筑混凝土。

4. 施工排水

(1) 在管道工程施工时，要重视地面水的侵入和地下水的排除问题，特别是在多雨时节和汛期，必须提出有效防止雨水侵入和排除的措施，确保施工范围内构筑物的安全和施工的顺利进行。

(2) 在施工过程中，要提前降水，始终保持干槽作业，即降排水在先，挖土在后，降水的速度超前于挖土的速度。

(3) 在整个施工工期内，必须连续稳定地抽水，以保证管道的开挖、管道的安装、回填以及附属构筑物的施工等。为此，必须配备双电源及备用抽水设施等。

(4) 施工排水系统排出的水，应输送至抽水影响半径范围以外，不得影响交通，且不得破坏道路、农田、河岸及其他构筑物。

(5) 在施工排水过程中不得间断排水，并应对排水系统经常检查和维护。当管道或构筑物未具备抗浮条件时，严禁停止排水。

六、沟槽开挖

在管道工程施工中，沟槽开挖的工作量占整个工程的比重很大，应该合理地组织沟槽开挖。对于埋设较深、距离较长、直径较大的管道，由于土方量多，管道穿越地段的水文地质条件和工程地质条件变化较大，在施工前应采取深挖和钻探的方法查明与施工相关的地下情况。调查的主要内容有：各管段的地下水位和土质情况，已有地下管道与施工管线有关或交叉的具体位置，地下各种电缆的具体位置，施工管道与已建的管道、构筑物衔接的平面位置和高程校对等，以便合理地采取相应的措施。

沟槽开挖的方法有两种，即人工开挖与机械开挖，应根据沟槽的断面形式、地下管线的复杂程度、土质坚硬程度、工作量和施工场地的大小以及机械配备、劳动力等具体条件确定。

七、下管与稳管

1. 下管是在沟槽和管道基础已经验收合格后进行。为了防止将不合格或已经损坏的管材及管件下入沟槽，下管前应对管材进行检查与修补。管子经过检查修补后，在下管前应先在沟槽上排列成行，核对管节、管件，确认无误后方可下管。

重力流管道一般从管线的最下游开始逆水流方向铺设，排管时应将承口朝施工前进的方向。压力流管道若为承插管时，承口应朝向介质流来的方向，并宜从下游开始铺设，以插口去对承口；在坡度较大的地段，承口应朝上，为便于施工，由低处向高处铺设。

下管的方法要根据管材种类、管节的重量和长度、现场条件及机械设备等情况来确定，一般分为机械下管和人工下管两种形式。

人工下管的方法多用于施工现场狭窄、不便于机械操作或重量不大的中小型管子，以方便施工、操作安全为原则。

机械下管一般是用汽车式或履带式起重机械进行下管，机械下管有分段下管和长管段下管两种方式。分段下管是起重机械将管子分别吊起后下入沟槽内，这种方式适用于大直径的铸铁管和钢筋混凝土管。长管段下管是将钢管节焊接连接成长串管段，用 2~3 台起重机联合起重下管。由于长管段下管需要多台起重机共同工作，操作技术水准要求高，故每段管道一般不宜多于 3 台起重机联合下管。

2.稳管是将管子按设计高程和位置,稳定在地基或基础上。稳管时,控制管道的轴线位置和高程是十分重要的,这也是检查验收的主要项目。管道轴线位置的控制常用的有中心线法和边线法,高程控制是沿管线每10~15m埋设一坡度板(龙门桩),板上有中心钉和高程钉,利用坡度板上的高程钉进行高程控制。

八、沟槽回填

沟槽回填应在管道隐蔽工程验收合格后进行。凡具备回填条件,均应及时回填,防止管道暴露时间过长造成损失。

沟槽回填土料的要求:(1)槽底至管顶以上0.5m范围内,不得含有有机物、冻土以及大于50mm的砖石等硬块;在抹带接口处、防腐绝缘层或导线周围,应采用细粒土回填。(2)采用砂、石灰石或其他非素土回填时,其质量要求按施工设计规定执行;需要拌和的回填材料,应在运入槽内前拌和均匀,不得在槽内拌和。(3)回填土的含水量,宜按土类和采用的压实工具控制在最佳含水量附近。

沟槽回填施工:(1)还土时应按基底排水方向由高至低分层进行,管道两侧和管顶以上0.5m的范围内还土,应由沟槽两侧对称同时进行,且不得直接扔在管道上;(2)沟槽回填的夯实通常采用人工夯实和机械夯实两种方法。回填土压实应逐层进行,回填土压实的每层虚铺厚度应按采用的压实工具和要求的压实度确定;回填土每层的压实遍数,应按回填土的要求压实度、采用的压实工具、回填土的虚铺厚度和含水量等经现场试验确定。

九、运行维护

1.长距离输水管线在试运行前,要先检查管线上所有阀门,应保证所有排气阀处于正常工作状态、泄压阀关闭、按计划开关输水干线上的截流阀、分流阀关闭。

2.注水要缓慢,注水的目的是赶走管道内的气体,保证满管流。若注水太快,管道内的气体受到水流冲击致使压力快速升高,可能发生爆管事故而损害管道。

3. 试运行和正常运行时必须保证调节水池有一定的水深,避免调节水池的出水口露出水面使输水管道进气。

第三节 管道在土壤中的腐蚀原因及对策

一、概述

在现在输水工程施工与设计工作中,掌握必不可少的防腐蚀综合知识是必要的。由于涉及的问题各种各样,靠任何一个技术人员完全掌握它是绝对不可能的。因此,懂得一些腐蚀方面的知识,会有助于各专业部门之间的密切合作和交流,会有助于腐蚀专家和给排水专业工程技术人员之间的密切配合。

国外从20世纪30年代开始采用阴极保护法,到60年代,阴极保护技术已被广泛应用。在美国,所有的油、气、水管道均已采用防腐涂层与阴极保护联合防腐,并已列入法规中。加拿大等西方国家对所有阴极保护管道按区分段编号,随时有专人通过计算机系统进行监视,定期积累储存数据,当发现某处电位降低,就及时进行维修,不仅延长了管道的寿命,也避免了许多由于管道完全锈蚀穿孔而造成的爆管事故。国外现在对铸铁管,甚至钢筋混凝土管也做阴极保护。

国内近一、二十年来对一些港口、船体、油、气、电信管缆等亦采取阴极保护措施。在给水管道工程中,目前则仍以内外涂层防腐为主,仅对少数重要管道施以阴极保护。但随着长距离引水工程的不断增多,采用阴极保护防腐的管线越来越普遍。如北京第九水厂输水工程对大型埋地钢管采用阴极保护,大连市引碧供水三期工程对临海土壤环境中的钢管也采用阴极保护。

当前,阴极保护技术越来越多地被用于输水管线的防腐工程中,因此对已建的阴极保护系统进行检测与维护,是保证该系统持续高效工作的关键。影响阴极保护系统的条件随时间而变,要维持其保护作用,系统也需要相应地改变。为了检测阴极保护系统变化，定期的测量和检测是必须的。

对于涂裹绝缘层的防腐方法，即使外防腐层做得很好的管道，如果用火花探测仪检查，几乎每平方米都有一、二处电击穿火花。其原因是防腐层仍存在着微小孔洞，外部液体正是通过这些微小孔洞侵入到钢管表面。当钢管受到这些侵入的电解质作用后，产生两种腐蚀现象：一是钢管与土壤中高电位电极导通而形成腐蚀电流；二是钢管本身由于原材料及生产过程中含有许多杂质，在电解液的作用下，产生无数个微电池而使自身受到腐蚀。埋地钢管还可能受到杂散电流（指环境介质中外来的直流电）的腐蚀。当金属管道位于一强电场中，在管段两端即产生了电位差，在电流离开管段进入介质（大地）的一端发生加速腐蚀。由于杂散电流来源的电位往往很高，电流也大，故引起的腐蚀远比一般的土壤强烈。绝缘不良的电气化铁路甚至可能危及长达数公里的管道，与之平行敷设的管段有时不到半年就会发生穿孔。杂散电流腐蚀另一种形式是与阴极保护管道相邻的金属管道的腐蚀。由于被保护管道使周围大地形成一个电场，使相邻未保护管道处于电场中，引起杂散电流腐蚀。

二、钢质管道在土壤中的腐蚀原因

金属表面与周围介质发生化学或电化学作用而遭受破坏叫金属腐蚀。金属管道在土壤中受到地下水中盐类、酸和碱的作用，可能在短期内产生化学腐蚀。但金属管道腐蚀的主要原因是金属的电化学腐蚀，金属在电解质中具有一定的电极电位。就地下金属管道而言，含水土层为电解质，金属离子溶于电解质时，在金属和液面间存在的电位差为电极电位。电极电位随金属不同而异；对于一种金属，电极电位随电解质不同而不同。

钢铁表面材质并不是均匀的，它的化学、组织、结晶方位、氧化层、附着物等各处也均不相同。另外电解质具有离子浓度，溶解于其中的气体浓度、温度等也具有不均一性。正是由于金属与电解质的这种不均一性，使得钢铁各个局部的自然电位高低不同，从而构成许多的腐蚀电池，这种腐蚀称为自然腐蚀。

此外，金属由于本身所具有的电极电位差而形成腐蚀电池。同时，从外部又强制施以电流与电压，在这种情况下的腐蚀，称为电解腐蚀（简称电解）。

金属管在土层中被腐蚀的情况如下：

对于低电阻率土层，腐蚀性弱；

对于透气性良好的土层，起始腐蚀性强，但衰减很快；

对于透气性、排水性不良的黏土层，腐蚀性大；有厌气细菌在其中繁殖的土层，其腐蚀性非常强烈。

由于金属本身的电化学不均匀性，或由于外界环境的不均匀性，在电解质溶液中，都会形成微观或宏观的腐蚀原电池。阳极金属失电子被腐蚀，阴极则发生氧或氢原子被还原。

析氢腐蚀反应方程式：

阳极（铁） $Fe = Fe^{2+} + 2e \quad Fe^{2+} + 2OH^- = Fe(OH)_2$

阴极（杂质） $2H^+ + 2e = H_2 \uparrow$

总反应方程式：$Fe^{2+} + 2H_2O = Fe(OH)_2 + H_2 \uparrow$

吸氧腐蚀反应方程式：

阳极（铁） $2Fe = 2Fe^{2+} + 4e$

阴极 $O_2 + 2H_2O + 4e = 4OH^-$

总反应方程式：$2Fe + O_2 + 2H_2O = 2Fe(OH)_2$

造成电化学腐蚀的原因主要有以下方面：

钢管内部 C、Fe 电位不同而形成腐蚀；局部管道氧浓度不同形成氧浓差电池腐蚀；受外界杂散电流干扰腐蚀；管线头尾之间的温度不同造成温差腐蚀；双金属接触腐蚀；盐浓度差腐蚀及细菌腐蚀等。

三、钢质管道在土壤中的防腐蚀对策

（一）地下金属管线的阴极保护

所谓电化学腐蚀，就是指腐蚀体电子流失、电位正移的现象。阴极保护正是通过仪器或牺牲阳极发出的直流电向保护体补充电子，使其电位负移，达到保护目的。被保护的钢管表面一方面受到腐蚀流失电子，另一方面又受到外加电流的补充增加电

子,当达到动态平衡时,钢管对地电位就称为保护电位。因此在阴极保护工程中要对保护体自然电位、土壤平均电阻、保护体面积、电流密度等有关参数进行测试、计算,以配置足够强度的电流发射装置或足够量的牺牲阳极。

如果要防止钢质管道腐蚀,必须不使金属与电解质接触,也就是采用涂裹绝缘层的防腐方法保护钢质管道;或者使金属表面不出现电位差。根据电化学腐蚀的原理,在腐蚀电池中阳极受腐蚀而损坏,而阴极不损坏,因此,我们就设法把腐蚀电池中的阳极变为阴极,这样金属就不受腐蚀了。阴极保护就是利用外加直流电源,其负极连接于被保护金属,正极连接于附加电极(即阳极),在电流通过时,被保护金属成为阴极,就可以防止电化学腐蚀。

保护电流的方向从电源正极→导线→附加电极(阳极)→土壤→被保护金属→导线→电源负极。这样,被保护的地下金属整个表面为阴极,免遭腐蚀,但附加电极将受到损耗破坏。

阴极保护法分为外加电流法和牺牲阳极法两种方式,这两种方法的检测与维护也各不相同。

(二)外加电流法阴极保护地下金属管线

外加电流法阴极保护是利用直流电源给被保护体通以足够的电流,使其表面全部进行阴极极化,降低金属的腐蚀速度。阴极保护站主要由直流电源、阳极接地、连接电源和阳极及阴极的电线、通电点及测试桩、绝缘法兰等几大部分组成。

阳极:它的用途是通过阳极本身把电源送入电介质(土壤),因而保护了电介质(土壤)中的金属管线。凡是导电的材料均可制造阳极。

绝缘法兰:它和普通法兰差不多,不同的是中间采用绝缘垫片以及每个螺栓都加绝缘垫片和绝缘套,使两片法兰盘完全绝缘,绝缘垫片和套管用酚醛树脂板制作。安装绝缘法兰的目的,是将被保护管线和不应受保护的管线从导电性上分开,因为当保护电流流到不应保护的管线上去以后将起到不良作用,同时保护管线边界上的绝缘连接，还能防止电流漏失，减小电功率或延长保护长度。

测试桩：测试桩是了解管线阴极保护电位分布情况的设施，测试桩一般沿管道通电点两侧分布。通过测试桩测定管道对土壤的电位变化，可得管线—土壤电位曲线，进而分析管线被保护的情况，以便对保护装置进行调整。为了便于检测管道是否处于被保护状态，沿线一定距离需设置一个电位测试桩。采用涂有环氧煤沥青涂层的钢筋（$\phi 12mm$）作为测试线，一端焊在管道上，另一端引出 5cm 以上，镶入凿有沟槽的石桩内。

检查片：检查片是用以检查阴极保护效果的薄片，检查片的材质应与被保护的管线材质一样。在管道的通电点及沿线每隔 2km 安装一组检查片。

（三）牺牲阳极法保护地下金属管线

牺牲阳极法是在被保护体上，连接一种电位更负（即更活泼）的金属或合金，它与被保护体在电解质溶液中组成腐蚀电池，靠它的不断"牺牲"而使被保护体表面不断得到阴极极化，降低金属的腐蚀速度。

牺牲阳极法保护原理较简单，用一根导线，一端连在被保护的管道上，另一端连在阳极上，被保护的管道作阴极，形成原电池。在原电池中产生电动势，电流就从管道沿着导线流到阳极去，从而达到保护管道的目的。

牺牲阳极法也是阴极保护原理的应用，它同外加电流法具有一样的阴极保护效果。牺牲阳极法保护系统由阳极、测试桩、阳极填料、检查片、绝缘法兰和连接导线等组成。被保护钢管的绝缘层施工质量是牺牲阳极法保护效果好坏的重要因素，所有接地的部位均应有良好的绝缘，对于发现绝缘层不合格的部位，要立即进行修复，直至合格。

（四）阴极保护方式的选择

牺牲阳极法较外加电流法简单，但形成的保护电流小，保护范围也小。外加电源阴极保护除被保护的管道被保护外，对其他邻近的金属管道或金属构筑物却起着破坏作用。为解决这一矛盾，因此在地下金属构筑物及其他管道怕遭破坏的地方，采用牺牲阳极保护法会收到良好的效果。为了进一步对两种阴极保护方法进行比较及选择，可参见（表1-1）外加电流法和牺牲阳极法优缺点。

外加电流法和牺牲阳极法的比较　　　表1-1

阴极保护方法	优　点	缺　点
外加电流法	1. 输出电流连续可调，可满足较大的保护电流密度要求； 2. 不受环境电阻率限制； 3. 工程越大越经济； 4. 对管道防腐覆盖层质量要求相对较低； 5. 保护装置寿命长	1. 需要可靠外部电源； 2. 对邻近金属构筑物干扰大，特别是在辅助阳极附近； 3. 需设阴极保护站，日常进行维护管理； 4. 在需要较小电流时，无法减少最低限度的装置费用
牺牲阳极法	1. 不需要外部电源； 2. 对临近金属构筑物干扰小； 3. 管理维护工作量小； 4. 工程费用与保护长度成正比； 5. 保护电流分布均匀，利用率高	1. 高电阻环境不宜使用； 2. 保护电流不可调； 3. 对管道防腐覆盖层质量要求高； 4. 消耗有色金属，需定期更换； 5. 杂散电流干扰大时，不能使用

在工程设计中，具体选择阴极保护方式，应根据防腐层质量、土壤环境、现场条件和运行管理等因素，进行技术分析，综合考虑，全面分析比较，择优确定。一般原则是：(1) 工程规模大宜采用外加电流法，规模小则宜采用牺牲阳极法；(2) 考虑有无经济、方便、可靠的电源；(3) 考虑所需保护电流密度大小；(4) 考虑与周围金属构筑物的相互影响，周围地下金属构筑物较多时，宜采用牺牲阳极法保护；(5) 土壤电阻率大于 $100\Omega \cdot m$ 时，管道防腐覆盖层质量差，一般宜采用外加电流法；土壤电阻率较低、被保护管道的防腐层良好，宜采用牺牲阳极法保护；(6) 市区内考虑到外界干扰电流的影响，一般应采用牺牲阳极

法。

四、管道沿线土壤腐蚀性分析及牺牲阳极材料的选用

1. 土壤电阻率测定和腐蚀性评价

在工程实际中常通过测量钢管环境的土壤电阻率和自然电位来评价土壤腐蚀性，土壤电阻率是牺牲阳极法保护设计的基本参数。对于大多数情况下，土壤电阻率越小，自然电位越大，则土壤腐蚀性越强。由于土壤电阻率与土壤的多种理化性质有关，所以在一般情况下可以借助土壤电阻率的大小判断土壤腐蚀性；以土壤电阻率作为单项评价指标，并考虑到土壤含水量、pH 值等因素的影响，评价管道沿线土壤腐蚀性的等级。为了获得设计需要的第一手资料，沿管线每隔一定距离测试一组数据，测定和评价土壤的腐蚀性。一般对土壤电阻率小于 $100\Omega \cdot m$ 以及土壤电阻率大于 $100\Omega \cdot m$ 但有地下水地段的输水管线实施阴极保护。

2. 牺牲阳极材料的选用

牺牲阳极材料有镁、铝、锌三个系列。在管道采用牺牲阳极法保护时，阳极的选择应根据土壤电阻率大小确定。当土壤电阻率小于 $30\Omega \cdot m$ 时，宜选用锌基阳极；土壤电阻率小于 $100\Omega \cdot m$ 时，宜选用镁基阳极；使用铝基阳极时，应注意其性能的稳定性，宜在含氯离子浓度较高的土壤中使用。

阳极填充：为了降低阳极与土壤接触电阻，活化阳极表面，维持阳极较高、较稳定的电流输出，采用硫酸钠、硫酸钙、膨润土三组分（1:5:4）填料填充阳极。

在土壤中使用牺牲阳极时，应采用适合阳极工作的填包料，阳极周围填料的厚度不小于 10cm。填包料的电阻率不得大于 $2.5\Omega \cdot m$，宜选用袋装阳极。

3. 牺牲阳极的埋设

牺牲阳极的埋设应有利于保护电流的均匀分布，可取立式或卧式。阳极与管道的距离不宜小于 0.3m，也不宜大于 7m。阳极宜埋在潮湿土壤中，深度不宜小于 1m，并应在土壤的冰冻线以下。在阳极与管道之间，严禁设置其他金属构筑物。在有交流电干扰影响的地区,使用牺牲阳极时要特别慎重,防止极性逆转。

在土壤电阻率较低地段要合理选择阳极的埋设位置,确保阳极距离管道有一定的距离,保证管道电位均匀分布。

阴极保护工程应与主体工程同时勘察、设计和施工,并应在管道埋地六个月内投入运行。在杂散电流地区,管道埋地后,排流、屏蔽、阴极保护等措施应限期投入运行,一般不应超过三个月。

4. 牺牲阳极的使用寿命

一般按下列计算公式:

$$T = \frac{WA\rho\eta}{8760I}$$

式中　T——使用寿命,a;

　　　W——牺牲阳极的重量,1000kg;

　　　A——阳极理论电流产率,A·h/kg;

　　　η——阳极利用系数,一般可取 0.75;

　　　ρ——阳极的电流效率,%;

　　　I——阳极输出的电流,mA。

五、阴极保护系统的检测与维护

对于设置阴极保护系统的管线,日常维护与检测是必不可少的,它是保证该系统持续、高效工作的关键。影响阴极保护系统的条件随时间而变,要维持其保护作用,系统也需要相应地改变。为了检测阴极保护系统变化,定期的测量和检测也是必须的。

衡量阴极保护状况的好坏是根据保护站位来判断的,参照我国石油行业的设计规范,输水钢管阴极保护良好状态时的保护电位应满足:(1)对普通土壤,测得管道保护电位为 - 0.85V(Cu/$CuSO_4$)或更负;(2)管道表面与同土壤接触的参比电极之间测得阴极极化电位不得小于 100mV;(3)最大保护电位的限制应根据覆盖层及环境确定,以不损坏覆盖层的粘结力为准,一般取 - 1.5V。

国际上广泛采用的阴极保护标准电位是 $-0.85V(Cu/CuSO_4)$，即管道相对于饱和硫酸铜参比电极的电位必须低于 $-0.85V$，只有在 $-0.85V$ 电位以下，阴极保护才能完全抑制环境对地下金属管线的腐蚀。但是电位不应过低，当管道电位低于 $-1.6V$ 时，有可能对管道的涂层产生破坏作用。

当输水管线采用牺牲阳极法进行阴极保护时，在阴极保护系统中必须设有测试点，且测试点的设置必须是具有代表性且便于测量。另外，在测试点的分布上，通电点附近可少设测试点，因为这部分区域保护电位相对较低，能满足保护要求。在保护段末端（一般在两端保护中间点）测试点要相对密集，因为中间点电位最高，如果中间点电位能满足要求，那么其他部分电位不会有问题。同时，在监测时也应将注意力集中在中间点附近，检测频度也应相对高些。

通过测试点测量电位与电流可知管线的保护程度和阳极运行是否正常。对于阴极保护系统应有规律地进行测试，定期检查，只有这样才能掌握其运行情况。对于某些异常现象，应分析故障原因，及时解决。

在日常电位测量中，用普通万用表和硫酸铜参比电极即可满足要求，另外还需配备接地电阻仪、兆欧表、土壤电阻测试仪、毫伏计等对阳极地床、绝缘法兰等进行检测。如果阴极保护系统的仪器部分出现异常（如恒电位仪不正常），那么就要求有专门的测量仪表及专业工作人员参与。

六、常见的几种异常现象及其可能的原因

在牺牲阳极法保护系统中，如果发现异常应对照原因进行查找。

1. 阳极床发生电流增大，但管道电位并未负移，可能有以下原因：

（1）绝缘法兰绝缘性变差或被短路（绝缘法兰的绝缘电阻要求在 2MΩ 以上）；

（2）原有的输水管线被接上支线；

(3) 其他地下构筑物与管道发生接触；

(4) 管道防腐层破损或被破坏。

2. 阳极床发出电流减小，但管道电位并未负移，可能有以下原因：

(1) 回路连接电阻增大（如接线箱连接部位生锈）；

(2) 阳极耗尽或部分阳极被破坏；

(3) 阳极床周围土壤已经干燥；

(4) 阳极表面被污染。

3. 管道电位不稳定，变动幅度大，可能有以下原因：

(1) 测试仪表被干扰；

(2) 有杂散电流存在（大地电位梯度约 0.5mV/m 时，即认为有杂散电流腐蚀）；

(3) 回路接触不良；

(4) 管路被用做焊接地线；

(5) 参比电极与大地接触不良（可采用浇水润湿的方法解决）。

第二部分 利比亚大人工河输水工程

第一节 利比亚大人工河工程简介

一、利比亚大人工河工程简介

利比亚全称大阿拉伯利比亚人民社会主义民众国。它地处非洲北部、地中海南岸;国土面积达 176 万 km^2,一望无际的撒哈拉大沙漠使它在世界上享有"沙漠之国"的称号。该国人口 490 万,经济中心和 90% 以上的人口均集中在北部的地中海沿岸。国土的绝大部分是沙漠化或半沙漠化,可耕地较少和水资源的奇缺是这个国家长期以来无法摆脱贫困的原因。从 1961 年起,这里开始生产优质原油,原油给利比亚人民带来了滚滚财源,从而也改变了这个国家的面貌,它成为非洲最富的国家之一。利比亚政府为了结束依靠海水淡化的历史,结束农产品过分依赖进口的局面,要把所属的北撒哈拉地区变成农业高产地区,使这个国家有朝一日成为世界上最大粮食和其他食物产品出口国之一。从 1976 年起,利比亚在全国范围内开展了一场垦荒、改良水土、建立牧场和增加可耕地面积的声势浩大的"绿色革命"运动。利比亚大人工河工程是"绿色革命"的重要任务之一,该项工程预计总投资 250 亿美元,历时 20 年完成,它无论从规模和范围上均被称为当今世界的一个奇迹。为了使这一举世瞩目的工程得以顺利实施,利比亚成立了专门的政府机构——利比亚大人工河工程管理执行局,以负责这一工程的具体工作和财政问题。

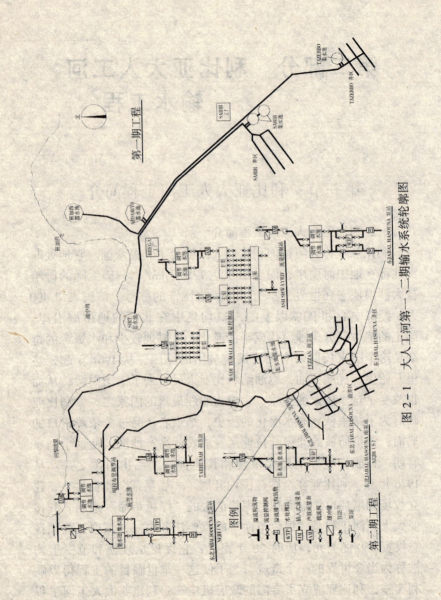

图 2-1 大人工河第一、二期输水系统轮廓图

利比亚大人工河工程是开发撒哈拉沙漠下的大量天然地下深水,通过管网输送到工业密集区和沿海人口稠密地区,工程还包括灌溉用的附属设施建设及其与该工程相应的工业设施建设。利比亚大人工河工程共分四期完成,其中第一、二期工程(图 2-1)均由韩国的东亚财团承包施工,英国的 GIBB 公司设计,英国的 BRNA 监理公司负责质量监督控制。

二、东线输水系统

东线输水系统也称为第一期工程,第一期工程总投资 36 亿美元,1983 年 11 月 6 日正式开工,1991 年 8 月 28 日竣工。由于开采地下水的井区海拔均高于用水目的地的沿海地区,该期工程采用重力流输水,每天输水能力为 200 万 m^3。这些水在农业地区用于农田灌溉,在城市和工业地区作为工业和民用的市政用水。

工程大致分以下部分:TAZERBO 和 SARIR 井区建设;SARIR 和 BREGA 两个 PCCP 管生产工厂建设;从 TAZERBO 井区至班加西地区和从 SARIR 井区至 SIRT 地区的两条输水管网和附属构筑物建设,以及用于维护、运行管理等的辅助设施建设,每条管线日输水能力均为 100 万 m^3。

具体单项工程详述如下:

(一) SARIR-SIRT 系统

1. SARIR 井区

SARIR 井区共有 126 眼管井,井深大多是 450m 左右;单井平均出水能力为 102L/s,每眼井均配有深井泵、电机、井口附属设施。由集水支管汇集所有开采出的地下水,然后通过集水管送入集水池。集水支管直径 300~400mm,总长 5040m;集水管直径 600~2800mm,总长 181km。集水池是两个钢制集水池,单池有效贮水容积为 17 万 m^3。

2. SARIR 输水管线

SARIR 输水管线是从 SARIR 集水池至 AJDABIYA 蓄水池,管材采用 PCCP 管,直径 4000mm,总长 381km。沿程设有相应的截流阀、排气阀、管道止推支墩、车辆进入室等管网附件和附属构筑物。AJDABIYA 蓄水池为无顶盖露天建筑，有效蓄水容积为 400 万 m^3。

3. SIRT 输水管线

SIRT 输水管线是从 AJDABIYA 蓄水池至 SIRT 蓄水池，管材采用 PCCP 管，直径 4000mm，总长 393km。沿程设有相应的截流阀、排气阀、管道止推支墩、车辆进入室等管网附件和附属构筑物。SIRT 蓄水池为无顶盖露天建筑，有效蓄水容积为 680 万 m^3。

（二）TAZERBO – 班加西系统

1. TAZERBO 井区

TAZERBO 井区有 108 眼深井，井深大多是 500m 左右；单井平均出水能力为 120L/s，每眼井均配有深井泵、电机和井口附属装置。由集水支管汇集所有开采出的地下水，然后通过集水管送入集水池，集水支管直径 300～400mm，总长 3240m；集水管直径 600～2800mm，总长 151km。集水池是一个钢制集水池，有效贮水容积为 17 万 m^3。

2. TAZERBO 输水管线

TAZERBO 输水管线是从 TAZERBO 井区集水池至 AJDABIYA 蓄水池的管线，管材采用 PCCP 管，直径 4000mm，总长 622km。沿程设有相应的截流阀、排气阀、管道止推支墩、车辆进入室等管网附件和附属构筑物。

3. 班加西输水管线

输水管线是从 AJDABIYA 蓄水池至班加西蓄水池的输水管线，管材采用 PCCP 管，直径 4000mm，总长 140km。沿程设有相应的截流阀、排气阀、管道止推支墩、车辆进入室等管网附件和附属构筑物。班加西蓄水池是无顶盖露天建筑，有效蓄水容积为 470 万 m^3。

（三）生产保障和维修管理设施

新修施工道路 1480km；架设至 AJDABIYA 蓄水池、SIRT 蓄水池、班加西蓄水池、TAZERBO 井区、SARIR 井区的输配电线路；在 SARIR 新建一座 6 台 15MW 发电机组的发电站；新建联通管理中心、井区和管线沿程的永久通信及控制系统；在班加西建一座永久性的总部管理大楼；在 SARIR、SIRT、AJDABIYA 分别建一个维修管理中心，内设管理大楼、通信站、备件贮存库、维修车间等。

（四）PCCP 管生产工厂

1. BREGA 工厂

BREGA 工厂有两条 PCCP 管生产流水线，一个营地，一整套安全可靠的可满足生产和生活的发电和配电系统，一整套无线电和电话通信系统。在距厂区 267km 处修建一个供水基地，输水管直径 500mm；供水基地有 7 眼深 160m 的管井，单井平均出水能力 20L/s。为满足管件生产要求，在厂区附近地区开发了一个大型骨料生产基地；同时在附近还新建了压缩空气、氧气、乙炔、蒸汽等生产配套设施；为了生产废水满足排放标准，修建了一套废水收集和处理系统。

2. SARIR 工厂

SARIR 工厂有三条 PCCP 管生产流水线，一个营地，一整套安全可靠的可满足生产和生活的发电和配电系统，一整套无线电和电话通信系统。在距厂区 16km 处修建一个供水基地，其中直径 500mm 输水管 10km，直径 300mm 输水管 6km；供水基地有 3 眼深 300m 的管井，单井平均出水能力 40L/s。为满足管道生产要求，在厂区附近地区开发了一个大型骨料生产基地；同时在附近还新建了压缩空气、氧气、乙炔、蒸汽等生产配套设施；为了保证生产废水满足排放标准，修建了一套废水收集和处理系统。

三、西线输水系统

西线输水系统也称为第二期工程，总投资 55.54 亿美元，1990 年 2 月 4 日正式开工，预计 1998 年 6 月竣工。该期工程是将 JABAL HASOUNA 的东部井区和东北部井区开采的地下水输送到利比亚首都的黎波里地区。由于井区海拔标高均高于输水目的地的沿海地区，所以本期工程也采用重力流输水，每天输水能力为 250 万 m^3。

主要单项工程如下：

(一) 井区建设

在 JABAL HASOUNA 东北部井区共有 149 眼管井，井深大多是 500m 左右；在 JABAL HASOUNA 东部井区共有 299 眼管井，井深大多是 500m 左右。井区内纵横铺设着集水支管和集水管，所有开采出的地下水集中汇入集水池，然后由泵站加压送入输水主管路。其中在 JABAL HASOUNA 东北部的加压泵站内设置了 8 台水泵（单台水泵功率为 2000kW），日送水能力为 110 万 m^3；在 JABAL HASOUNA 东部的加压泵站内设置了 12 台水泵（单台水泵配套电机功率为 2000kW），日送水能力为 140 万 m^3。在泵站外水泵扬水管上均安装有罐式水锤消除装置（单罐容量 250m^3），以便防止由于停电或突然停泵引起的水锤冲击。

(二) PCCP 管的生产

第二期工程所需的 PCCP 管均由第一期工程修建的原有 BREGA 工厂和 SARIR 工厂生产。预计需要生产直径 1600~3600mm 的 PCCP 管件 80300 件，直径 4000mm 的 PCCP 管件 85053 件；需要骨料约 730 万 t。

(三) 道路建设和管件运输

第二期工程要求沿输水管线修建双车道的施工道路，修建从管件铺设工地至 PCCP 管生产工厂的运输道路。预计需新建道路 1648km，拓宽道路 135km。

从 BREGA 工厂至管件铺设工地平均距离约 800km，从 SARIR 工厂至管件铺设工地平均距离约 1200km。由于直径 4000mm 的 PCCP 管标准管件重达 80t、长 7.5m，故所有的管件均采用特制的载重 80t 大型拖车运输；采用起吊能力 250t 的履带式吊车卸置到沿输水管线的管件储存区。

(四) 管道铺设和附属构筑物

第二期工程预计铺设给水铸铁管 283km，铺设直径 1600~4000mm 的 PCCP 管 1240km。为了克服自然高程，经过地质勘察，在 JABAL NEFUSA 山区设计建造一条直径 4m、长 15km 的输水隧道。由于管沟深达 7m，且管沟两侧的土质松软，直径 4000mm 的标准管件重 80t，所以必须用起吊能力 450t 的履带式吊车配合施工，同时按要求相应地配备了许多特制的机械设备。沿输水主管线，在管线的低点附设排泄阀；在管线上每隔一定距离设一个检修人孔；在管线的高点和一定距离（大约间隔 600m）设一个排气阀；每间隔 30km 设一座截流阀（这里的大型阀门均采用蝶阀）；每间隔 40km 设一个车辆进入室，供检修时检修车辆进出使用。在输水管道的弯头、丁字支管顶端、管堵顶端等处均设有止推支墩，以防止接口松动脱节。输水管道沿程的许多附属构筑物其规模都比较庞大，很引人注目。例如：在嘎拉布里修建一座长 182m、宽 182m、高 6.0m 的调节水池，为钢筋混凝土有盖地下式结构，中间有一个隔墙，把水池分成各自独立的两部分；水池内设直径 400mm 的柱子达 1296 根；有效贮水容积为 16.5 万 m^3。在 FEZZAN 修建一座有效贮水容积 11.2 万 m^3 的钢筋混凝土调节水池；在 TARHUNAH 修建一座有效贮水容积 16.7 万 m^3 的钢筋混凝土调节水池。这些调节水池可用于稳定系统的输水流量，也起到保证整个输水系统的安全供水及调节水量作用。

（五）PCCP 管防腐

在被确定为具有腐蚀性土壤的地区，不仅把管件的外侧刷上绝缘涂料，而且沿管道两侧铺设锌缆，用铜芯导线连接锌缆和管件的金属部分，以形成对 PCCP 管道沿程的阴极保护。同时在管线的沿程中，安装或埋置一套完整的腐蚀监测设施。在设计的有效年限内，在监测终端和仪表上均可以知道管件的腐蚀损坏状况及腐蚀发生的准确地点。

（六）附属设施

1. 砂水分离器：每眼井的井口都安装砂水分离器以确保出水无砂。

2. 加氯站：在输水主管路的特定地区，安装加氯设备以便进行管网中途加氯，提高管网的剩余氯量，防止细菌繁殖，确保管线沿程的水质稳定良好。

3. 二氧化碳脱气塔：为了使具有腐蚀性的井水达到中性化，在水处理设备的上游部分装设二氧化碳脱气塔。

4. 永久的控制和通讯系统：这个系统包括相关的遥控终端单元，安装在野外的控制和数据监测设备，能够提供安全和可靠信息的仪器、仪表等，管理人员在计算机终端就可以获得整个系统的运行情况。

5. 生产保障和维修机构：在班加西和 JABAL HASOUNA 的东部建有永久性的生产保障和维修中心，在这里设有管理大楼、通信站、配件贮存库、维修车间等。

为了保证利比亚大人工河工程所有的设施能顺利投入使用，承包方将负责管理和维护输水系统所有的永久设施一年，并为业主培养、训练本工程各领域的操作管理及维修人员。

第三、四期工程1998年开工，总投资100亿美元。它包括从 AJDABIYA 蓄水池至 TUBRUK 的500km管线建设和从 SARIR 至 KUFRA 的325km管线建设；以及 SIRT 和 KIBH 之间的1720km管网连接工程。第三、四期工程是利比亚大人工河工程的西线输水系统和东线输水系统连接管线工程，与第一、二期输水工程共同构成一个供水环状网，将大大地加强了的黎波里地区和班加西地区的供水保障能力。

第二节　PCCP 管的应用

一、概述

预应力钢套筒混凝土管(简称 PCCP 管)的生产和应用，至今已有50多年的历史，最早由法国的邦纳公司研制，到20世纪40年代，欧美各国竞相研制，目前已遍及西欧、北美、中东以及北非等地区。美国 PCCP 管的铺设长度已达到29000km；在利比亚的大人工河输水工程中，已铺设直径4000mm的 PCCP 管长达1900km。

PCCP 管经历了半个世纪的发展以后，现已进入了技术成熟阶段，从管材的设计、制造、检测到运输、安装、使用等方面，都实现了全过程规范化、系列化服务。

在国内,山东电力管道工程公司于1989年首家从美国引进具有世界先进水平的PCCP管制管技术和关键设备,可生产0.4~2.0MPa、直径600~3400mm的PCCP管。虽然国内使用PCCP管的经验还很少,但也在许多工程中得到了应用,都做到了一次通水成功,滴水不漏,取得了良好的经济效益和社会效益。

PCCP管是由钢板、钢丝和混凝土构成的复合管材,此种管材充分而又综合地发挥了钢材的抗拉、易密封及混凝土的抗压和耐腐蚀性。它从形式上分为两种:一种是内衬式预应力钢套筒混凝土管,是在钢套筒内部衬以混凝土后在钢管筒外面缠绕预应力钢丝再辊射砂浆保护层;一种是埋置式预应力钢套筒混凝土管,将钢套筒埋置在混凝土里面,然后在混凝土管芯上缠绕预应力钢丝,再辊射砂浆保护层。

二、PCCP管的优点

1. PCCP管可承受很高的内压和外部荷载

PCCP管属于工厂化生产,钢板卷成管状,经过打压试验,可保证其不渗漏,保证管身的不透水性能。管件接口采用钢环承插口,钢环与管身钢管焊接。钢环承插口的加工精度较高,承插口嵌入橡胶圈,可防止渗漏;对管件接口还要灌水泥砂浆保护。对于大型PCCP管,在铺设过程中,对每个接口都要做气压试验,发现问题及时处理。用PCCP管建成的管线,最后再做水压试验。因此,在管道铺设过程中所存在的疏忽、缺陷等都可在水压试验中发现并处理。

2. PCCP管对地基适应性好

由于PCCP管的半刚性接头使管道既有一定的刚性,又有一定的柔性,使其能转一定的角度。所以适应地基变化的性能比其他管材为好,也就是适应不均匀沉降能力高。

对于利比亚大人工河输水工程中的PCCP管采用钢质承插口,尺寸精度高。承口呈钟形环状,插口是带有两个凹槽(卡环)的特制异型钢,每个管件的两个凹槽间每隔120°设一个带螺纹的试验小孔,密封胶圈按等断面设计放置在凹槽内,这样不仅使密封胶圈受双向挤压形成很好的密封力,而且胶圈定位良好。这种形式的接头可承受 3.0MPa 的压力,另外还可在管路铺设过程中分别对每个管件接缝进行耐压试验,发现问题可以及时解决。这样不仅仅方便了管道的压力试验,而且避免管道铺设完工后进行压力试验才发现管道压力试验不合格而返工的经济损失。

3. PCCP 管耐腐蚀性能好

由于构成 PCCP 管的所有钢材都被良好密实的混凝土所包裹,经防腐处理的承插口安装后其外露部位又用砂浆灌注封口,混凝土或砂浆提供的高碱性环境使得构成 PCCP 管内部的钢材钝化,从而防止其腐蚀,故其防腐性能比较好。

4. PCCP 管通水能力强,社会综合效益好

PCCP 管属于工厂化生产,内表面非常光滑,不形成瘤节,表面不结垢,使得管线在运行服务期内能保持较高的通水能力。PCCP 管有其独特的复合结构和独特的接头型式,又采用橡胶圈受压反弹密封机制,产品在工厂中质量得到控制;建成的管线又经气压和水压试验等检验,管线的各种性能均有保证。既不会出现管身渗水,接头漏水现象;更不会出现爆管、断管等事故。该种输水管线在长期运行中,管路水头损失极小,输水成本低,使用寿命长,其社会综合效益特别好。

第三节 PCCP 管的铺设

利比亚大人工河输水工程中,主要输水管线均采用 PCCP 管,且取得了良好的施工和使用效果。下面以直径 4000mm 的 PCCP 管为例阐述 PCCP 管铺设过程中的基本施工方法和主要注意事项,以便于今后我们在铺设 PCCP 管过程中对其施工管理和进行质量监控。

一、PCCP 管铺设的顺序

1. 管沟开挖。

2. 收到管件→卸下管件→沿管线的料场置放管件。
3. 焊接管件插口上的搭接条。
4. 密封圈安装。
5. 安装管件。
6. 第一次接缝耐压试验。
7. 外接缝灌浆封堵。
8. 管道外部接缝的包裹保护。
9. 把塔接条焊接到管件承口上，并做连续性试验。
10. 第二次接缝耐压试验。
11. 封堵管道的内接缝。
12. 管道内部的清洗。

本文以直径 4000mm 的 PCCP 管为例阐述具体的 PCCP 管安装操作步骤和一般的施工要求。

二、管沟的开挖

1. 测量和放线。
2. 在开挖前，必须做好管沟防止地表雨水冲刷淹没的保护工作。
3. 现场清理，协商解决将要破坏或影响的其他设施和构筑物。
4. 开挖的沟槽要有足够的放坡，以避免发生滑坡现象；同时也要跟踪测量，减少发生过量开挖的可能性。
5. 要求地质工程师及时做好土壤等级、土壤条件的评估，以便及时地对特殊地段做出相应的处理决定。
6. 所有的管沟均采用机械开挖，坚硬土层和岩石等特殊地段还要使用爆破技术辅助施工，对挖出的土要根据土质的分类置放到不同的堆场，以利于管沟回填时取用。

三、卸管和置放

1. 用特制的载重 80t 运管车把管件从管件生产工厂运至铺设现场，用起吊能力 250t 的履带式起重机卸到指定的堆场上。
2. 堆场内的垫层材料尺寸要求小于 75mm，且在管件端头处的厚 200mm 内的垫层材料要求无碎石和其他有害物质。

3. 在料场上，相邻两根管件间的最小净距为 1.0m。

4. 再一次对管件做一次全面检查，以确定管件是否还有损坏及小的孔洞等。若发现破损部分，在检查报告单上作详细的记录，然后根据实际情况按规定修补；若发现有小孔洞，在小孔洞上做传导电阻试验，然后记录分析，根据实际情况修补；严重的请厂家处理。最后对管件的绝缘保护层进行检查，若有破损，立刻再刷绝缘涂料。

四、插口上搭接条的焊接

1. 焊接到管件插口上的搭接条要求与已安装完的上一管件承口上的凹槽成一条直线。

2. 擦干净搭接条，然后涂上一种特制的涂料。

3. 搭接条是一种可弯曲的钢棒，直径 13mm、长 150mm。

五、垫层的回填和修整

1. 垫层材料要求没有有机物质和有害物质，也不准有施工废渣，最大的材料尺寸为 50.8mm。填用之前，垫层材料还要求做湿度检查，以确保夯实后达到所需的压实度；如果需要，在填用材料上还要洒些水。

2. 填用的垫层材料用推土机、液压挖掘装载机、筛选机等配合均匀地散布到管道沟槽内，然后使用振捣压路机压实。

3. 垫层的最小厚度为 450mm，同时要求不超过 500mm 夯实一次，最低压实度为 70%。

4. 夯实后的垫层（图 2-2）还要做修整成形（图 2-3），以适应管件的弧度，达到最好的受力状态。成形的高度为 300mm，在管道下的垫层最小厚度为 150mm，所修整的圆弧直径要求比管件的外部直径小 40mm。成形垫层的尺寸略小于管件实际尺寸的目的是使管件和垫层两者之间接触更紧密，受力更均匀。在这种情况下，需要修补也是必然的，如果扰动深度小于 40mm，这是可以接受的。但是，扰动程度应该尽可能均匀，成形后的垫层还要取样做最低压实度试验。同时注意修整成形的垫层的工作量要有一定的限制，一次成形的长度不准超过300m，也不准超过一天的管道铺设能力。

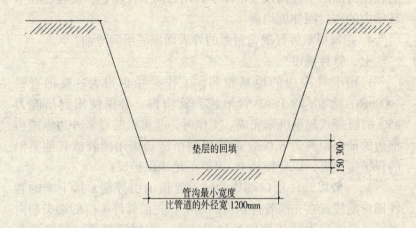

图2-2 垫层回填和夯实后的轮廓

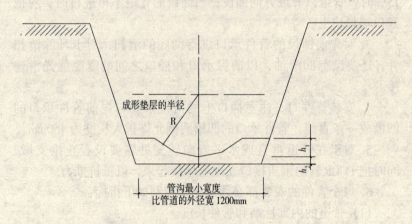

图2-3 修整成形的垫层轮廓

六、密封圈安装

1. 润滑油和密封圈应避免受阳光直射的影响，并且防止接触灰尘、水和其他有害物。

2. 彻底清扫管件插口的卡环后再放置润滑油。

3. 安装密封圈：把密封圈先置放到管件的上部卡环内，然后在密封圈的下边插入一根棒子，用力向下拉曳它，使环绕在卡环槽内的密封圈伸展均衡。

4. 在每根安装好的密封圈的外表面擦一层润滑油。

七、管件铺设

1. 由于管沟边的地基较弱，工作半径也很大，要把直径4000mm、重80t 的 PCCP 管吊装到管沟内，必须使用起吊能力450t 的履带式起重机来完成。工作时，起重机的履带外边缘距沟槽边的最小距离为 6.0m。起重机的吊链必须用橡胶或其他类似的保护带包裹，以免损伤 PCCP 管的绝缘保护层。

2. 一般以管件承口端作为铺设管道的引导端，接下来的管件插口端放置在先前管件承口的端头，先前管件承口的端头朝向逆流还是顺流取决于管路的铺设方向。当铺设管道的坡度大于15%时，管道以升坡方向铺设；当铺设的管道不再进行时，应把开口端封堵上。

3. 对先前铺设的管件承口进行彻底的清扫，对卡环除清扫外，还要涂上润滑油，以确保承口和插口之间的缝隙能光滑连接。

4. 安装管件时，注意插口上的搭接条要与先前管件承口的凹槽成一条直线，管件承口的凹槽两侧允许扩大长度为 150mm。

5. 对于在管道垂直或水平方向转变处需要设置止推支墩，同时把 PCCP 管的钢质接口在现场焊接起来，以抵抗推力。

6. 每个管件的安装都必须监测和控制如下指标：

（1）管道的内部标高和管件长度。

（2）相邻两个管件的接缝上、下、左、右的内部缝隙间距。在干燥和一般地区安装，允许内部间隙为 31mm；在黏土和平错、沉降地区安装，允许内部间隙为 26mm。

（3）所有特殊管件及构件的定位和内部标高。

（4）在开阔地段，水平直线的最大允许偏差为 300mm；垂直直线的最大允许偏差为 150mm；位移最大允许偏差为 3.75m。

（5）在 PCCP 管道的交叉部位和在连接主要构筑物的 PCCP 管终端管件等要求严格的地段，水平直线的最大允许偏差为 15mm；垂直直线的最大允许偏差为 25mm；位移最大允许偏差为 0.5m。

八、第一次接缝耐压试验

1. 在料场上，吊装管件之前，清扫试验孔的周围，然后拔下插头，检查内部螺纹和插头。如确认未被损坏，再放回插头，用手拧紧。

2. 在安装管件前，要确保试验孔在管件下部低于 120°的部位，使下步要做的接缝耐压试验工作方便。

3. 第一次的接缝试验工作压力为 0.6MPa，通过仪表监测 5min。如果确认没有压力下降现象，该接缝压力试验合格。如果发现有压力下降现象，对仪器、试验通路及接缝等仔细检查，找出压力下降的原因；如果确定密封圈已被损坏，应抽出管件，更换密封圈，再重复管件铺设的所有过程；如果确认管件的承、插口的密封圈卡环有问题，应抽出管件，按规定进行修补。重复做接缝耐压试验工作，直到试验完全合格才能开始安装下一管件。

4. 试验工作完成后，应把管件上的供试验用的插头放回原处，并拧紧。

九、外部接缝灌浆封堵

1. 管道铺设一定长度后，把灌浆护带固定在 PCCP 管接缝处。灌浆护带采用一种宽 250mm 白色带菱形花纹的纤维布，两边有用于固定纤维布又可扣紧的钢带；该护带具有良好的透气性，避免了灌浆时发生中间气堵现象。

2. 灌浆队伍应根据实际情况决定配合比例，一般推荐的砂浆比例：砂:水泥 = 1:3，水:水泥 = 0.65:1。

3. 固定护带和灌注砂浆之前，在外部的缝隙表面慢慢地淋水，以确保缝隙表面完全湿润。

4. 采用一种间隔小单元施工的次序施工方法，以减少接口灌浆发生裂缝的危险,间隔的接口缝和居中的接口缝和其他同本单元的接口缝灌浆持续最小时间为24h。

5. 把砂浆通过一个特制的漏斗注入灌浆护带内,在接缝一侧灌注的砂浆直到在相反侧的砂浆升起到大约缝的1/3高度;然后分别在两侧轮流注入砂浆,直到护带填满为止。注意在灌注砂浆时应用小棒子捣实,以确保砂浆完全填满接缝。

十、管道外部接缝的包裹保护

1. 待灌浆护带内的砂浆达到设计要求的强度后,拆除灌浆护带;用一种冷沥青橡胶防水带包裹砂浆带,作为防腐保护层,该保护带宽为400mm;保护带的附膜不能提前打开,防止阳光直射和其他污染。

2. 卸下灌注砂浆时用的护带,清理灌浆地方的砂浆、白色灰渍和其他对粘接保护带不利的残骸。

3. 保护带必须粘贴牢固,不准有皱折和气泡残积现象;保护带的最小搭接长度为200mm。

4. 回填管道接缝下的连通孔,必须用T形钢筋捣实,确保原连通孔内没有空隙。

十一、管沟回填

在管道验收合格后,应抓紧进行管沟回填工作(图2-4),这样有利于保护管道的正常位置,也有利于管道的附属部分不被损坏;另外,可减少突发性的大雨造成管道倾浮的可能性。开始回填前,首先做回填预检查,检查管沟内是否有其他异物,检查是否有没粘合好、损坏、破旧的沥青保护带,以防止管件接缝有直接暴露在外边的可能性。每回填一层后都要再检查一次是否有管道绝缘保护层或沥青保护带出现机械损伤,如果发现,立刻修补。在回填的过程中,回填材料不准直接落到带绝缘保护层的管道上,在靠近管道处使用机械夯实设备要十分小心操作,以防损伤绝缘保护层和外接缝的保护带。如果发现损坏,立刻按有关规定进行修补。在回填的过程中,每间隔一定距离根据有关规定做取样试验,回填的试验频度(见表2-1)。

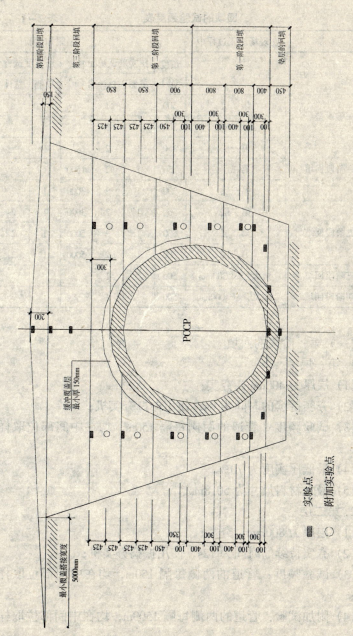

图 2-4 管沟回填工作简图

回填的试验频度表　　　　　　表 2-1

层　名		在现场施工过程中			附加试验		
		长度(m)	压实度试验		长度(m)	压实度试验	
			单侧	总计		单侧	总计
第一阶段垫层	垫　层	300		1			
	成形垫层	300		3			
第一阶段回填	第一层	150	1	2			
	第二层	150	1	2	1500	1	2
	第三层	300	1	2	3000	1	2
第二阶段回填	第一层	500	1	2	3000	1	2
	第二层	500	1	2	5000	1	2
	第三层	300	1	2	5000	1	2
第三阶段回填	最大层厚 300mm	500		1			
第四阶段回填	最大层厚 1000mm	500		1			

(一) 第一阶段的回填

1. 第一层

(1) 层厚为 400mm，夯实；

(2) 夯实持续的时间为 8s，使用振捣夯实机；

(3) 试验频度：管道的两侧每隔 150m，均在中间部位取样试验；

(4) 最低压实度为 70%；

(5) 最大材料尺寸为 50.8mm。

2. 第二层

(1) 层厚为 800mm，夯实；

(2) 夯实持续的时间为 12s，使用振捣夯实机；

(3) 试验频度：管道的两侧每隔 150m，均在中间部位取样试验；

(4) 附加试验：管道的两侧每隔 1500m，均在中间部位取样试验；

(5) 最低压实度为 70%；

(6) 最大材料尺寸为 50.8mm。

3. 第三层

(1) 层厚为 800mm，夯实；

(2) 夯实持续的时间为 12s，使用振捣夯实机；

(3) 试验频度：管道的两侧每隔 300m，均在中间部位取样试验；

(4) 附加试验：管道的两侧每隔 3000m，均在中间部位取样试验；

(5) 最低压实度为 70%；

(6) 最大材料尺寸为 50.8mm。

(二) 第二阶段的回填

1. 第一层

(1) 层厚为 900mm，夯实；

(2) 夯实碾压次数为 8 次，使用特制的小型振捣压路机；

(3) 试验频度：管道的两侧每隔 300m，均在中间部位取样试验；

(4) 附加试验：管道的两侧每隔 3000m，均在中间部位取样试验；

(5) 最低压实度为 70%；

(6) 最大材料尺寸为 150mm。

2. 第二层

(1) 层厚为 850mm，夯实；

(2) 夯实碾压次数为 8 次，使用特制的小型振捣压路机；

(3) 试验频度：管道的两侧每隔 500m，均在中间部位取样试验；

(4) 附加试验：管道的两侧每隔 5000m，均在中间部位取样试验；

(5) 最低压实度为 65%；

（6）最大材料尺寸为 150mm。

3．第三层

（1）层厚为 850mm，夯实；

（2）夯实碾压次数为 8 次，使用特制的小型振捣压路机；

（3）试验频度：管道的两侧每隔 500m，均在中间部位取样试验；

（4）附加试验：管道的两侧每隔 5000m，均在中间部位取样试验；

（5）最低压实度为 65%；

（6）最大材料尺寸为 150mm；

（7）对于距离管道的中心线 1.0m 的两侧不准碾压夯实。

4．缓冲覆盖层

（1）最小厚度为 150mm；

（2）最大材料尺寸为 10mm。

（三）第三阶段的回填

1．每层最大厚度为 1000mm，夯实；

2．夯实碾压次数为 8 次，使用振捣压路机；

3．试验频度：每隔 500m 取样做试验；

4．最低压实度为 65%，或者南实处型击实仪为 90%；

5．最大材料尺寸为 500mm。

（四）第四阶段的回填

1．该层厚度为 200mm，夯实；

2．夯实碾压次数为 8 次，使用振捣压路机；

3．试验频度：间隔 500m 取样做试验；

4．最低压实度为 65%，或者南实处型击实仪为 90%；

5．最大材料尺寸为 75mm；

6．最小的覆盖搭接宽度：分别从管沟的外边缘算起各 5000mm；

7．回填的管沟要有隆起，做成斜坡，防止管沟的回填部分有表面积水。

十二、搭接条焊接到承口的凹槽上

1. 搭接条要焊接到承口的凹槽上，因此清扫并擦净搭接条和承口的凹槽；

2. 在搭接条和承口的卡环之间插入石棉条，防止在焊接过程中发生烤焦橡胶密封圈的事情；

3. 焊接最小的长度60mm；

4. 焊接完成以后，检查，做导电连续性试验；

5. 最后对暴露的金属进行清理，然后涂上特制的防腐漆，以对金属表面做临时防腐保护；

6. 在焊接的过程中，要使用大型通风机保证工作点通风良好；同时也需要安装良好的照明系统。

十三、第二次接缝耐压试验

1. 第二次接缝试验是为了确定管道接缝的耐压能力，耐压能力一般要求不小于管道的设计承压能力的1.2倍。

2. 清理试验点，防止空气被异物阻挡。

3. 把试验用的软管接到试验孔的位置，打开试验阀，稳定时间为2min，然后关闭试验阀，保持时间为5min。

4. 如果仪器探明压力下降，在该接缝的周围喷洗涤液，对该缝做全面检查，同时记录五分钟内的每分钟压力下降的具体情况。如果发生了不合格的事件，必须报请有关部门研究解决（一般不会发生这样的严重事故）。

5. 试验做完以后，要放回试验孔的插头，并拧紧。

6. 在试验前，要安装好合适的照明系统。

十四、封堵管道的内部接缝

1. 清扫管道的内接缝，确保接缝内没有异物和灰尘；

2. 在内接缝内涂一层环氧树脂；

3. 把砂、水泥、环氧树脂和成的糊状物塞进接缝，捣实、抹平；

4. 在封堵完的接缝表面再涂一层环氧树脂。

十五、管道内部的清洗

用硬质的刷子清除粘在管道表面的异物，然后用水喷洒冲洗。

十六、合拢管段的连接

从两个工作面铺过来的管段之间还有一段 0.5~2m 的缺口时，可采用专门的从动合拢管连接。从动合拢管的连接工作一般均是在现场进行，先安装工厂制作的钢带等附件，并固定特制的模板，然后现浇特制的混凝土。

由于合拢管的两头都是承口，因此要求已铺好的管段必须各留有一个插口。必要时，可使用两头为插口的管子使铺好的管段上的承口变为插口。连接时注意已铺好的管端之间的距离及相向插口端是否成直线。

十七、靠近附属构筑物的管道铺设

1. 附属构筑物包括流量计量室、分流阀室、截流阀室、管道的止推支墩、车辆进入室、溢流构筑物等。

2. 构筑物的开挖一般要求与输水管线的管沟开挖同步进行，在开挖的过程中，测量和放线工作要进行紧密的配合，以尽量减少过量的开挖和对其他原有设施的破坏或影响。

3. 开挖的程度及挖深正常的基础处理

开挖的程度要求达到能用于支撑永久构筑物的天然地基。使用 DIN 标准设备进行穿透实验，在管道垫层或已经开挖的基础上进行穿透实验决定土壤条件。沿着 PCCP 管线的轴线布设实验点进行实验，如图 2-5 所示。在每个实验报告单上附有准确地标注实验点位置的附属构筑物简图。

对于土壤地段，机械开挖完成后，在基础底平面上留下大约 150mm 的不动原土层，该层在垫层回填施工前或做管支撑施工前时清除。

对于砂石、砾石、淤砂等地段，开挖后夯实。如果需要，在夯实前，用水加湿基础表面。在浇灌混凝土垫层前，厚 200mm 的夯实层要求最低压实度为 80%。

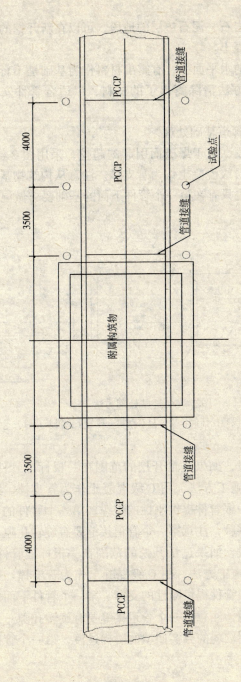

图 2-5 地基土壤条件的试验点位置分布图
（适合所有的附属构筑物）

对于黏土、岩石、泥石垫层的地段，可以在新开挖的干净表面上直接浇灌混凝土。

在设计开挖的水平面上，有露出材料作为基础是不行的，要通过加深开挖的方法清除露出了的材料，以适合管件安装的轮廓。

4．过量开挖管道基础处理

对于岩石地段，由于爆破而引起的超挖，采用图 2-6 所示的处理方法，用 C 级混凝土作为管支撑。注意从构筑物基础无论过量开挖多长，也只有在第一个管件下面的基础要求做混凝土拱腋。

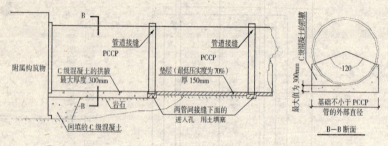

图 2-6　地基处理方法
（岩石层地段超挖任何长度，只有在第一段管下面浇筑拱腋）

对于软土地段，如果过量开挖的范围在一根标准管件以内，可采用图 2-7 的施工方法，用 C 级混凝土作为管支撑。第一阶段的混凝土为第一根管件提供刚性的支撑，第一个管件的下面基础要求做混凝土拱腋，注意第一个管道接缝要有旋转孔隙。

对于软土地段，如果过量开挖的范围在一根标准管件以外，可采用图 2-8 的施工方法，用 C 级混凝土作为管支撑。第一段的混凝土为第一根管件提供刚性的支撑，第一个管件下面的基础要求做混凝土拱腋，注意第一个管道接缝要有旋转孔隙。为了达到从坚硬的支撑到软弱的夯实回填的阶梯过渡，第一个管接缝与第二段管的 1000mm 之间最大夯实回填厚度为 300mm，且要求回填材料为 0%~25% 的细砂，同时还要求回填混凝土的边坡比坡降不大于 1/4，或者分阶梯浇筑混凝土，这样有利于回填土的夯实工作。

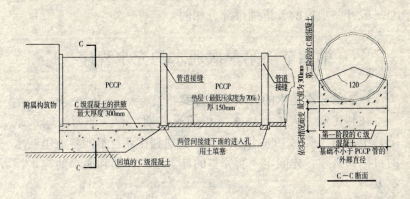

图 2-7 地基处理方法
(软土层地段超挖的长度小于一根标准管件的长度)

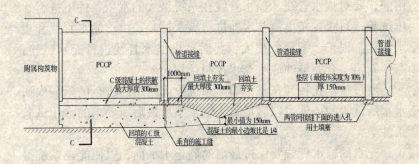

图 2-8 地基处理方法
(软土层地段超挖的长度大于一根标准管件的长度)

对于特殊大规模的和不正常的过量开挖，现场工程师把超挖的详细测量记录写成书面材料呈送给有关主管部门。这些书面材料要包括开挖的轮廓、构筑物的简图和靠近构筑物的管道外形等,然后由主管部门负责召集有关技术人员一起研究解决。

5. 管道的铺设

管道的基础满足设计要求后,其他有关的管道铺设工序部分与一般开阔地段的管道铺设部分相同。

第四节　第一次通水的充水程序

一、第一次通水的充水控制方案

在利比亚大人工河输水工程的第二期工程（即西线输水系统）中,为了确保1996年9月1日实现利比亚首都的黎波里通水的目标,必须首先制定一套完整的施工组织计划和通水的充水控制方案。

在流量控制站附近修建直径1600mmPCCP管线的临时导流工程,以避免这些流量控制站、调节水池等特大型附属构筑物的施工影响通水时间目标的实现。在整个输水系统第一次通水投入使用前,要对集水管线、输水管线在系统最大的水压条件下进行水压试验;对嘎拉布里调节水池进行满水试验。由于输水管线和集水管线都很长、管径也很大,要对整个输水管线进行充水试验,需要制定一套完整的通水充水控制计划。

通过技术比较,在整个输水系统投入使用前进行的第一次通水水压试验的条件可以满足整个输水系统最后所要求的水压试验条件。

充水的输水管线要保持最高的静止水平面,以便能在系统最大的水压条件下进行所有的接缝检查、阀门检查等工作。在ASH SHWAYRIF、WADI TUMALLAH、嘎拉布里等处依次使用截流阀把输水管线分成四个独立试验部分;井区的集水管线也根据各条管线的实际情况使用截流阀分成一、两个独立的试验部分。

用深井泵把管井中的水灌入第一个试验段,对第一个试验段进行水压试验。要尽可能利用上一试验段的转输水进行下游段的水压试验,当上一试验段的水压试验完成后,使用截流阀的旁通阀或其他设施把水转输到管线的下游段,然后对其下游段进行水压试验。

在一个独立的试验段中,利用溢流构筑物或排气管的溢流点控制自由水头。为了确保充水水位达到溢流点以获得最大的自由水头,允许产生一些溢流现象。按照有关要求进行所有的接缝检查和阀门检查等各项工作,然后对于有渗漏或其他问题的地方,根据具体情况进行修补工作。

二、第一次通水的充水控制设施

1. 旁通阀

在井区和嘎拉布里的截流阀都带有直径 150mm 或 300mm 的旁通阀。

在 BIN GHASHIR 为的黎波里分流的分流阀上设有一个直径 200mm 的旁通阀,直到使用分流控制阀前,一直用这个旁通阀为第二输水管线充水。第二输水管线的其余水量可以在分流控制阀的控制下进行充水工作。

2. 第一次通水导流管道工程上的调节排泄管路

在流量控制站周围的第一次通水导流管道工程的截流阀上没有设旁通阀。在这里需要转输几百万吨水,自由水头是 2MPa,所以在最小直径 600mm 的排泄管道上需要至少安装 5 组减压孔板。通过从直径 600mm 排泄管路到第一次通水导流管道工程的临时连接部分,可以把水从流量控制站的上游转输到流量控制站的下游。

直径 600mm 的排泄管路要安装在靠近第一次通水的导流管线,且在流量控制站的上游。

从直径 600mm 的排泄管道工程到第一次通水的导流管道工程都属于临时连接部分。为了使以流速达 6m/s 进来的水流能量不能损坏导流管道工程的直径 1600mm PCCP 管,在调节排泄管路内要安装减压孔板。在完成第一次通水任务过程中,减压孔板是惟一可用于限制第一次通水自由水头的装置。

当第一次通水任务完成后、正式输水生产工作开始前,就可以拆除原有的临时连接部分。把调节排泄管路内安装的减压孔板可以换成适应新要求的减压孔板,以达到在新条件下的水压要求。

3. 充水时的通讯

在 BIN GHASHIR、嘎拉布里、WADI TUMALLAH、ASH SH-WAYRIF 和 NEJH(S)井区的临时控制中心等处必须设置通讯设施。在进行第一次通水前,要对所有通讯设施进行测试。

4. 根据最后通水目标,考虑附属构筑物的施工工期,确定了第一次通水前的管路和附属构筑物具体施工方案,见第一次通水附属设施布置图(图2-9)。

三、集水管线第一次通水的充水控制步骤

当 NEJH(S)井区的几段集水管线施工已经完成,同时有两眼井及其相关的井泵已安装完毕且可交付使用后,就应该对这几段集水管线分别进行充水检查工作。

把集水管线的上游部分用合适位置的截流阀与其他管段隔离,仅使用两眼管井向集水管线内灌水,把这段集水管线的排气管溢流点作为水头控制点。当所有的检查工作结束后,先把截流阀的旁通阀打开,把水放到集水管线的下游管段,然后再打开截流阀。也仅使用两眼管井向集水管线的下一管段内灌水,直到水头到达溢流点。依照这一方法顺次进行再下游集水管段的水压试验,直到所有的集水管线都完成充水和检查工作。

依照集水管线的充水次序,一些水可以通过靠近水处理站的溢流构筑物流过。这些水将通过 NEJH(S)泵站周围的导流管线流过,进入主输水管线交汇处与 NEJH(S)泵站之间的管线,再通过管路交汇处打开的截流阀进入主输水管线。

四、输水管线第一次通水的充水控制步骤

1. 充水控制步骤

要顺次地进行输水管线的充水和检查工作,把整个输水管线

共分为四个独立段分别进行水压试验。以 NEJH（S）泵站为始端到主输水管线和以主输水管线的始端到 ASH SHWAYRIF 为一段，以 ASH SHWAYRIF 到 WADI TUMALLAH 为一段，以 WADI TUMALLAH 到嘎拉布里为一段，以嘎拉布里到 BIN GHASHIR 和第二输水管线为一段。

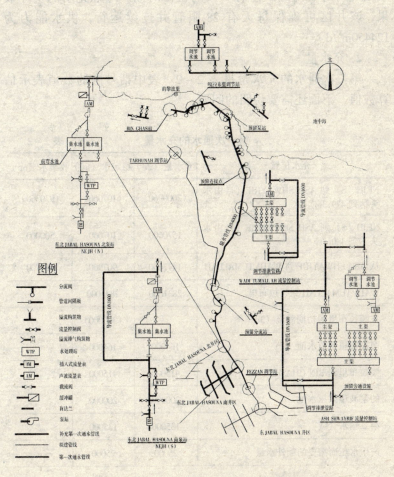

图 2-9 第一次通水附属设施布置图

当检查完每个上游段的最低压力部分后,把水转输到下一试验段,再继续进行下一段较高压力部分的水压试验。使用直径600mm调节排泄管路调节控制水流进入流量控制站的导流管线。

在 NEJH(S)井区有 33 眼管井可以用于对主输水管线第一次通水的充水工作。这些井均由各自配置的柴油发电机驱动,要求在一周内平均每眼井有一天的检修时间。考虑充水的实际效果,该井区可确保每天有 28 眼管井连续运行,供水能力为 124450m³/d。

2. 充水量

第一次通水的充水量见表 2-2。表中括号内的数值表示估算数值,下面还需要说明的问题:

第一次通水的充水量　　　　　表 2-2

充水位置	充水量 (m³)	稳定水 (m³)	收集水 (m³)
NEJH(S)到 ASH SHWAYRIF(自由水头达到 479.3m)	(2000960)	(107060)	(930360)
NEJH(S)到 ASH SHWAYRIF(自由水头达到 440m)	1570600	107060	500000
从 ASH SHWAYRIF 到 WADI TUMALLAH	1477600	907900	569700
WADI TUMALLAH 到嘎拉布里	2831000	2831000	
在嘎拉布里的初期溢流(3d)		(300000)	
嘎拉布里调节水池	164000	164000	
嘎拉布里到 BIN GHASHIR	415000	415000	
的黎波里减压水池	200000	200000	
第二输水管线	135000	135000	
产生水压而需要的额外水量	25000	25000	
合　计	5748500m³		

(1) 除了 NEJH (S) 到 ASH SHWAYRIF 这段管线为了避免在 NEJH (S) 溢流,仅把水充至自由水头达到 440m(以平均海平面计的高程)。其余各段要求把水池或管线充到溢流的程度,以便检查和试验。

(2) 各段输水管线或水池中的稳定水量是指 ASH SHWAYRIF 和 WADI TUMALLAH 的临时导流管线上的截流阀已经打开,在系统准备投入供水运营时,系统中积存的水量。

(3) 收集水是充水量和稳定水量的差值;对输水系统检查完成以后,在输水系统的上游可以排放掉的那部分水。这些水可以用于转输到系统的下一试验段。

(4) 在嘎拉布里第二调节水池控制充水时,在 WADI TUMALLAH 调节排泄管路(简称 WT 调节排泄管路)产生驱动水压而需要的额外水量,大约有 $25000m^3$ 的水。

3. NEJH (S) 到 ASH SHWAYRIF

(1) 在集水管线进行充水或排放过程中,已经有了一定量的水排入这段输水管线里。

在开始向输水管线充水前,打开输水管线在 NEJH (S) 交汇处的截流阀;关闭预留分流站处的支线截流阀;打开预留分流站处的主线截流阀;关闭 ASH SHWAYRIF 流量控制站周围的导流管线截流阀;关闭 ASH SHWAYRIF 流量控制站周围的上游截流阀。

在井区有效开启 28 眼管井开始向输水管线泵水,供水能力为 $124450m^3/d$。从 NEJH (S) 到 ASH SHWAYRIF 输水管线大约需要充水 $1600000m^3$,自由水头达到 440m,大约需要充水 14d。

关闭 WADI TUMALLAH 流量控制站上游输水管线的截流阀;关闭 WADI TUMALLAH 流量控制站导流管线上游的截流阀;打开 WADI TUMALLAH 流量控制站周围导流管线下游的截流阀。

(2) 在向 NEJH (S) 到 ASH SHWAYRIF 充水过程中,在检修入孔和排气阀处进行监测。当管线有一定的压力,立即就开始对管线接口和阀门的渗漏问题进行检查,对渗漏或其他问题进行修补处理。

4. ASH SHWAYRIF 到 WADI TUMALLAH

(1) 当自由水头达到 440m 时，打开在 ASH SHWAYRIF 的调节排泄管路（简称 AS 调节排泄管路）上的蝶阀，向 ASH SHWAYRIF 到 WADI TUMALLAH 输水管线充水。采用减压孔板把通过 AS 调节排泄管路的流速控制在 6m/s 以内，最大流量 146500m^3/d。当水位达到 NEJH（S）溢流构筑物的溢流水位时，可认为管线充满了水。

持续平均使用 28 眼井从井区泵水，以 124450m^3/d 的流量向 ASH SHWAYRIF 到 WADI TUMALLAH 输水管线充水。

(2) 在向 ASH SHWAYRIF 到 WADI TUMALLAH 输水管线充水过程中，在检修入孔和排气阀处进行监测。当水位接近导流管道工程时，准备关闭 AS 调节排泄管路上的蝶阀。

当管线有一定的压力，立即就开始对管线接口和阀门的渗漏问题进行检查。当 ASH SHWAYRIF 到 WADI TUMALLAH 输水管线充水水位达到导流管线排气管的溢流点时，关闭 AS 调节排泄管路。从井区开始向 NEJH（S）到 ASH SHWAYRIF 输水管线充水，充水水头要求达到 440m。

(3) 对 ASH SHWAYRIF 到 WADI TUMALLAH 输水管线接口和阀门的渗漏问题进行检查，并对渗漏或其他问题进行修补处理。

当管线内的水停止流动，水压达到最大值时，进行上游段的检查工作。

关闭 WADI TUMALLAH 流量控制站下游输水管线的截流阀。

5. WADI TUMALLAH 到嘎拉布里

(1) 打开 WADI TUMALLAH 的调节排泄管路，开始向 WADI TUMALLAH 到嘎拉布里输水管线充水。采用减压孔板把通过 WT 调节排泄管路的流速控制在 6m/s 以内，最大流量 146500m^3/d。这时管线充满的水位达到 ASH SHWAYRIF 临时导流管线排气管的水平位置。

打开 ASH SHWAYRIF 的调节排泄管路，再开始向 ASH SHWAYRIF 到 WADI TUMALLAH 输水管线充水。通过 AS 调节排泄管路控制最大流量不超过 146500m³/d。

平均使用 28 眼井从井区继续向 NEJH（S）到 ASH SHWAYRIF 输水管线供水，流量为 124450m³/d。

（2）当从井区已经泵出 4850000m³ 水时，通过减少供水井数，把每天的供水量减小至 53300m³/d。这时允许 ASH SHWAYRIF 到 WADI TUMALLAH 输水管线和 NEJH（S）到 ASH SHWAYRIF 输水管线通过调节排泄管路把水排至稳定水的水位。

关闭嘎拉布里调节水池的进水阀门。

继续以流量 53300m³/d 从井区泵水，持续 17d，大约从井区泵出水量 575 万 m³。这些水可完成对 WADI TUMALLAH 到嘎拉布里、嘎拉布里到 BIN GHASHIR 的输水管线和 BIN GHASHIR 到的黎波里的第二输水管线、嘎拉布里两个调节水池、的黎波里减压水池的充水工作。

在充水过程中，在检修入孔和排气阀处进行监测。当管线有一定的压力，立即就开始对管线接口和阀门的渗漏问题进行检查，对渗漏或其他问题进行修补处理。

（3）WADI TUMALLAH 到嘎拉布里输水管线已经充满，在嘎拉布里开始溢流时，进行水质监测。

要求溢流的水质 pH 值小于 9，水质清洁，不含悬浮物；3d 溢流的水量要大于 30000m³。同时满足上面各项条件时方可停止溢流。使用可移动式超声波流量计，测量通过 WT 调节排泄管路的累计流量。

（4）当排放足够的废水后，关闭 WT 调节排泄管路和 AS 调节排泄管路。嘎拉布里第一调节水池截流阀处的自由水头会很低，当通过旁通阀的水已经进入水池的进水口并开始向水池充水时，可以打开进水截流阀开始向水池充水。

在 WT 调节排泄管路，使用排泄蝶阀把水以一定流量（不超过 33000m³/d）排入输水管线和嘎拉布里第一调节水池。以这样的充水速度，在 24h 内把水池充水至 2m 高，大约需要两天半把整个水池（82000m³）充满。当管线有一定的压力，立即就开始对管线接口和阀门的渗漏问题进行检查，对渗漏或其他问题进行修补处理。

使用可移动式超声波流量计，监测通过 WT 调节排泄管路的累计流量。

(5) 当嘎拉布里第一调节水池充水水位达到设计最高水位时，关闭 WT 调节排泄管路。

关闭水池的进水和出水截流阀，进行水池的稳定阶段试验，开始对第一水池的试验。并开始对两个水池的分隔墙检查和观察，大约需要 7d 时间。

开始对 WADI TUMALLAH 到嘎拉布里输水管线的接口和阀门的渗漏问题进行检查，对渗漏或其他问题进行修补处理。

打开 AS 调节排泄管路，允许 NEJH（S）到 ASH SHWAYRIF 管线放水进入 ASH SHWAYRIF 到 WADI TUMALLAH 输水管线。

(6) 当 ASH SHWAYRIF 到 WADI TUMALLAH 输水管线已经充水到在 ASH SHWAYRIF 的导流管线的排气管溢流点时，关闭 AS 调节排泄管路。

打开嘎拉布里第二调节水池的出水截流阀。

当已经泵出所要求的水量后，关停井区的管井。

6. 嘎拉布里到 BIN GHASHIR 输水管线和第二输水管线

(1) 当对两个嘎拉布里调节水池的分隔墙做水密性检查和观察完毕后，打开嘎拉布里第二调节水池的进水截流阀。在截流阀处的自由水头会很低（160m），当通过旁通阀的水已经进入水池的进水口并开始向水池充水时，可以打开截流阀开始向水池充水。

关闭第二输水管线的黎波里 T 形构筑物处的流量控制阀，打开为第二输水管线分流的分流阀。

完全打开 WT 调节排泄管路，开始向嘎拉布里到 BIN GHASHIR 输水管线充水。这股水流将在嘎拉布里第二调节水池的底板流过。

使用可移动式超声波流量计监测通过 WT 调节排泄管路的累

计流量。当累计流量达到 415000m³（这些水已满足对嘎拉布里到 BIN GHASHIR 输水管段充水的要求）时，使用排泄蝶阀减小流量，使流量（第二输水管线充水的流量）达到 67000m³/d。

完全打开 AS 调节排泄管路，允许 NEJH（S）到 ASH SHWAYRIF 管线放水进入 ASH SHWAYRIF 到 WADI TUMALLAH 管线。

(2) 当嘎拉布里到 BIN GHASHIR 输水管线有足够的水头时，开始向第二输水管线充水。打开流量控制阀，以流量 67000m³/d 向市政减压水池和第二输水管线充水，5d 充水量要求超过 335000m³。

当市政减压水池和第二输水管线充满水时，关闭流量控制阀和在的黎波里 T 形构筑物处的流量控制阀。

开始对第二输水管线的接口和阀门渗漏问题进行检查，并对渗漏或其他问题进行修补处理。

(3) 当 AS 调节排泄管路没有流量时，打开 AS 导流管线上游的截流阀，关闭 AS 调节排泄管路。这时在输水管线内的剩余水量可达到 10000m³，水位在调节排泄管路管道内底以下，在导流截流阀以上。当截流阀打开时，这些水将要放进 ASH SHWAYRIF 导流管道内。

(4) 在对嘎拉布里到 BIN GHASHIR 输水管线充水过程中，在检修入孔和排气阀处进行监测。当水位达到嘎拉布里第二调节水池的底板时，停止充水。使用排泄蝶阀，以一定流量（不超过 33000m³/d）将水控制通过 WT 调节排泄管路放到输水管线和嘎拉布里第二调节水池。以这样的充水速度，在 24h 内把水池充水至 2m 高，大约需要两天半把整个水池（82000m³）充满。

当管线有一定的压力，立即就开始对管线接口和阀门的渗漏问题进行检查，对渗漏或其他问题进行修补处理。

使用可移动式超声波流量计，监测通过 WT 调节排泄管路的累计流量。

(5) 当嘎拉布里第二调节水池充水水位达到设计最高水位

3. 嘎拉布里的下游

(1) 当对嘎拉布里第一调节水池试验完成后，检查水池内的水质。

如果嘎拉布里第一调节水池内的水质适合市政用水，打开进水和出水截流阀上的旁通阀，再打开进水和出水截流阀，关闭进水和出水截流阀上的旁通阀。根据实际情况，决定把水通过的黎波里T形构筑物附近的排泄管路排放掉，或者通过的黎波里T形构筑物进入第二输水管线以替换嘎拉布里到 BIN GHASHIR 输水管线和嘎拉布里第一调节水池的高碱度水。这些高碱度水从将第二输水管线和的黎波里减压水池通过适当的附属构筑物排放掉。

如果嘎拉布里到 BIN GHASHIR 输水管线内的水质适合市政用水要求，而嘎拉布里第一调节水池内的水质不适合市政用水要求。那么通过直径 600mm 的排水管道排除嘎拉布里第一调节水池内的水，再通过进水截流阀的旁通阀为水池充水。

(2) 当对嘎拉布里第二调节水池试验完成后，检查水池内的水质。

如果嘎拉布里第二调节水池内的水质适合市政用水，打开进水和出水截流阀上的旁通阀，再打开进水和出水截流阀，关闭进水和出水截流阀上的旁通阀。

如果嘎拉布里第二调节水池内的水质不适合市政用水要求。第二调节水池的高碱度水通过附设的直径 600mm 排水管道排除，再通过进、出水口截流阀的旁通阀为水池充水。

(3) 嘎拉布里的下游管线的含碱水可以通过排泄管路和其他排水设施排除，或者经过分流构筑物进入第二输水管线，再进入适当的排水系统。

六、简明输水管线的充水次序

1. 向 NEJH（S）到 ASH SHWAYRIF 输水管线充水；

2. 通过 AS 调节排泄管路向 ASH SHWAYRIF 到 WADI TUMALLAH 输水管线充水；

3. 检查 ASH SHWAYRIF 到 WADI TUMALLAH 输水管线的最

低压力部分,允许 ASH SHWAYRIF 到 WADI TUMALLAH 输水管线停止流动一天,把泵出的水积聚在 ASH SHWAYRIF 到 WADI TUMALLAH 输水管线内;

4. 通过 WT 调节排泄管路向 WADI TUMALLAH 到嘎拉布里输水管线充水;

5. 不满意的水在嘎拉布里溢流;

6. 通过 WT 调节排泄管路控制向嘎拉布里第一调节水池充水,开始对第一调节水池试验。检查两个水池间的分隔墙,试验工作允许进行 7d。根据需要,在嘎拉布里溢流构筑物排除不合格水。通过 AS 调节排泄管路从 NEJH(S)到 ASH SHWAYRIF 输水管线放水进入 WADI TUMALLAH 到嘎拉布里输水管线。

7. 通过嘎拉布里第二调节水池向嘎拉布里到 BIN GHASHIR 输水管线和第二段输水管线充水。

8. 采用 WT 节流调节排泄管路控制嘎拉布里第二调节水池的充水,并开始进行第二调节水池试验。

9. 根据需要,对高碱度水进行冲洗。

七、第一次通水水力轮廓线(图 2-10)

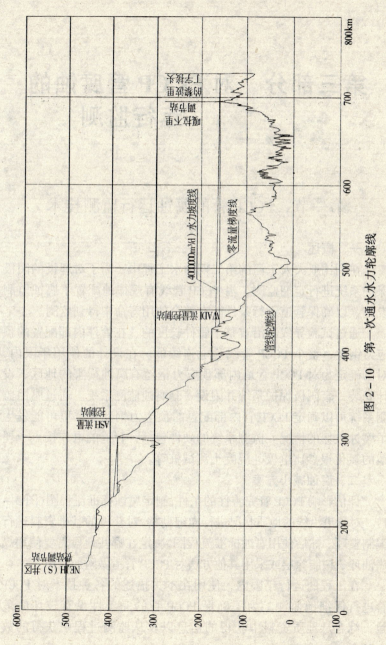

图 2-10 第一次通水水力轮廓线

第三部分 对 PCCP 管腐蚀的运行监测

第一节 PCCP 管的腐蚀运行监测技术

一、概述

在利比亚大人工河的第二期输水工程中,为了对埋设的阴极保护系统进行定期监测,沿 PCCP 管线有规律地配置了腐蚀监测设施,以确保管道运行条件能在整个使用寿命中得到监测。

通过试验导线和沿着整个管件长度的、在管件内部配置的预应力钢丝,整个 PCCP 管线是电连续的。在设计的使用年限内,对已确定为对 PCCP 管道内部预应力钢丝有腐蚀损害的地区,设计安装一套阴极保护系统并附设一套腐蚀监测系统。通过腐蚀监测系统可以确定 PCCP 管内部配置的预应力钢丝在哪里可能发生了腐蚀破坏的情况。监测系统的硬件包括:管道的电连接点、埋地的氯化银参比电极、混凝土测试桩等。

二、腐蚀减小方案

评估影响 PCCP 管完善性的条件,制定腐蚀标准流程图(图 3 - 1)。对管道沿线的地质状况进行详细勘察,对获得的基础资料进行编制整理。然后使用腐蚀标准流程图,决定在哪些地段需要使用煤焦油环氧树脂涂层或采用其他方法对 PCCP 管道做附加保护。

在工程的运行年限内,使用在本文描述的各种技术对 PCCP 管进行仔细地监测。为了确保 PCCP 管的完善性没有破坏的危险,综合从地质资料中获得的信息以及从监测过程中获得的数据,通过腐蚀减小方案图(图3-2),决定在哪些地段对埋设的PCCP管需要执行阴极保护措施。

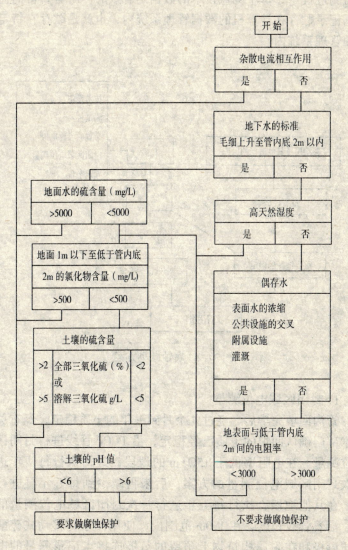

图3-1 PCCP管的腐蚀标准流程图

三、监测的过程

按照 PCCP 管线的腐蚀监测程序进行监测,要求确保在详细的监测过程中,每个测量技术的数据是有效的。所有日常的监测数据记录贮存在计算机的数据管理系统内,也就是贮存在特定的腐蚀管理系统内。

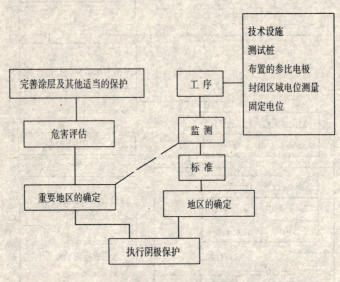

图 3-2 腐蚀减小方案

1. 封闭区域电位测量

管沟回填完毕后,经过九个月到一年的土质稳定,经有关的技术部门确认回填的土质已经稳定,沿 PCCP 管线进行封闭区域电位测量。在电阻率低于 $15\Omega \cdot m$ 的地段,最初执行每两年进行一次封闭区域电位测量的方案,后来再减少到每五年再进行一次;在其他地段,执行每五年进行一次封闭区域电位测量的方案。沿着管线长度,在 1.0m 范围内,使用一个可移动式硫酸铜参比电极和在附属构筑物上预留的负极连接点记录测量的电位值。使用计算机化的数据记录设备收集这些测量数据,也就是使用球状的监测仪收集测量数据。

这种技术的主要优点是：在1.0m范围内测得的封闭区域电位的测量数据相似于日常固定电位在600m范围内进行测量的结果。详细地进行测量，要求确保测量者不要把测量的错误输入数据库。PCCP管道相对于土壤的电位测量结果是最具广泛的、可接受的用于评估PCCP管件使用条件的方法。然而，这种测量方法仅仅是一种热力学的测量方法，除非有其他的数据资料辅助，不能根据它就做出最终的决定。

虽然封闭区域电位不比实际电位更重要，但是随着时间的推移，这种电位的变化也被看做是重要的。

2. 固定电位的测量

在靠近PCCP管的所有试验导线连接点的固定位置，使用移动式硫酸铜参比电极记录PCCP管的电位。这种测量方法只有在正常间隔600m，在管顶上方的地表面进行。同封闭区域电位测量数据一样，这种测量方法仅仅是一种热力学的测量方法。

同封闭区域电位测量数据一样，虽然固定电位不比实际电位更重要，但是随着时间的推移，这种电位的变化也被看做是重要的。

3. 永久的埋地参比电极监测

使用永久的埋地参比电极记录PCCP管的电位，埋地参比电极位于测试桩的试验位置和位于某一特殊试验地段的电极列位置。

同固定电位的测量一样，仅在不连续的、离散的位置进行永久的埋地参比电极监测试验。但是在低于地面且远离管顶的位置，也可以给出一些PCCP管电位监测的读值。

4. 长线的电流监测

沿着PCCP管，在靠近试验设备之间，通过调节电压降的方法来进行长线电流监测。这种技术很可能发生很大的测量错误，因此，在做出任何结论前，都要对数据进行仔细的评估。在使用这种技术获得的数据结果而做出修补决定之前，还要求对这种技术做证明性的试验。

用正确的试验结果分析，这种技术说明在 PCCP 管附近存在大量的长线电流作用。要注意到在这些地段即使腐蚀不一定发生，但是电流也是正在离开管道的。

5. 同其他公共设施交叉

回填管沟至少一个月以后，在 PCCP 管与其他做阴极保护的公共设施交叉点上，进行相互影响的试验。把所要做的试验提前通知其有关的主管部门；如果需要，在试验过程中还要求他们的代表在场。

依据特定的试验结果，遵守有关的协议和协定，进行准确的修补工作。

6. 对绝缘接缝或绝缘法兰试验

由于绝缘接缝或绝缘法兰只安装在沿管道的附属构筑物内，因此可在安装完后，使用特制的接地电阻测试仪，对绝缘接缝或绝缘法兰立刻进行试验。在附属构筑物交付使用前，可进行破损修补。在每年的基本监测过程中，同时也要求进行所有的绝缘接缝或绝缘法兰试验。

7. 参比电极列

以参比电极列所测量的电位，可用于确定在一般土壤条件下和在阴极保护条件下周围环境范围内的 PCCP 管电位变化。

参比电极的稳定性对获得的数据有效性有很大的影响。因此对参比电极的电位必须进行有规律的监测，阴极保护系统的存在对检查过程的本身也有影响。

8. 混凝土测试桩的监测

沿着 PCCP 管线每隔一定距离设置测试桩一处，测试桩的一端与 PCCP 管相连，另一端固定在管线附属构筑物的进入口附近，以便于测试。混凝土测试桩包括线性极化电阻、试验设备、一个银/氯化银半电极等。对靠在反电极上的工作电极（预应力的钢丝）的极板上通过正、负 10mV 的电流进行扫描做线性极化电阻试验。用银/氯化银半电极记录电位的变化，同时记录要求达到这种变化的电流。

使用电子学的方法或数字法（最好两者均用）补偿欧姆电阻，在系统中的电容效应和各种各样的 B 值也一定会产生容差。线性极化电阻的试验结果很可能需要累计持续一段时间，以获得有意义的数据。

参比电极也将用于记录在测试桩内钢筋上的一种电位值，如果合适，也将用于评估埋地参比电极和表面参比电极。监测在工作电极和反电极之间用于线性极化电阻试验的电阻，做出对砂浆电阻的一种估计值。

把测试桩长期置放在暴露的环境中，对测试桩进行煤焦油环氧树脂和砂浆涂层状态的视觉检查，检查这些项目在媒质中反应怎么样。通过测定湿度浸进砂浆的程度和接着发生的对预应力钢丝完善性的任何威胁，从测试桩就可以获得涂层系统失败的一种早期显示。

然而，在测试桩上不会产生 PCCP 管所经历的裂缝现象。在这样环境下，测试桩所给出的是一个完全理想的管道条件模型，因此还要求依赖其他技术。

这些数据将贮存在计算机化的数据管理系统中，并且能够将这些数据绘制出来，这种技术将用于补充从监测体系的其他因素而获得的数据资料。

四、确认试验

混凝土测试桩是按照监测电极的有关技术规程制作的。通过测试桩可深入了解煤焦油环氧树脂涂层和水泥砂浆状态以及在有阴极保护和没有阴极保护两种情况下 PCCP 管的状态。为了使从测试桩中获得的电子试验数据与在水泥砂浆中所实际的现象发生联系，要求做一系列确认试验。

沿着管道的路径，标称间隔 4.8km 布置一个混凝土测试桩，用于常规的监测和在可接近的分析环境中做短期和中期的确认试验。大多数的确认试验在合适的操作和维护现场进行，在这个现场中，把测试桩放在地下水条件最不利的槽中，经过五个月的干和湿交替浸没处理后，接着再在常压下露置一个月。

试样的数量、试验体系、破损评价前的时间等要有一定规律。

用 5 组附加测试桩组成的现场确认试验补充这些要求做常规监测的确认试验。把这些附加测试桩埋在如下地质条件的土壤中：

十分低的电阻率	< 500Ω·cm
低的电阻率（没有阴极保护）	1000 ~ 1500Ω·cm
低的电阻率（有阴极保护）	1000 ~ 1500Ω·cm
高的电阻率	> 10000Ω·cm
可耕作地段（土壤条件有变化）	5000 ~ 10000Ω·cm

这些附加测试桩一般用于常规的监测；当电子试验表明预应力钢丝已经开始发生腐蚀时，把测试桩用于再现破坏性的试验。要布置足够的测试桩，以确保当对电化学试验结果有各自不同的要求时，还有足够的空闲测试桩可供试验使用。

在试验过程中，在给定的条件下以简短的时间间隔，把电位、线性极化电阻的读值、电阻率等测量结果记录到自动数据记录仪中。

以表 3–1 给出的在一定时间间隔，通过对测试桩损坏评价的物理检查、对测试桩钢丝的重量损失测定、对砂浆的氯化物试验等可以增加这些测试读值的可信度。

在暴露计划中的测试桩的数量　　　　表 3–1

实验室试验试样类别	暴露时间（单位：年）								试样数量
	0.5	1	2	3	4	5	10	20	
标准设计（有涂层）	5	5	5	5	5	5	5	5	40
标准设计（没有涂层）	3	2	2	2	2	2	2	5	20
标准设计（涂层坏损）	3	2	2	2	2	2	2	5	20
试样数量小计	11	9	9	9	9	9	9	15	80

对所有的测试桩进行编号，进行全面的跟踪记录。

具体的细节是：测试桩号码、测试桩的类型、布置的日期、位置、预定的补偿等。

必须做一些工作，以建立一个可恢复的涂层损坏记录。在这个阶段，可认为只允许有小的损伤，例如：一个钉孔、一处擦伤等。测试桩表面损伤的位置也具有很大的影响，对于这些影响也需要进行一下评估。

在暴露的阶段，对各种不同时间间隔范围分别进行电子读值。正常情况下，每月进行一次读值；暴露环境改变后，在一周内减少到每天进行一次读值。

利用埋设的参比电极和置放在靠近测试桩周围的外部参比电极进行电位测量。

使用一种线性极化电阻仪表进行线性极化电阻测量，这种极化电阻仪表具有足够的补偿功能，这种补偿功能有利于欧姆电阻和电容效应以及对 B 值的正确选择。在执行确认试验工作之前，必须做一些工作以满足这种线性极化电阻设备的操作特性。

从工作电极和副电极之间的电阻测量中，做出砂浆电阻的测量。使用逐渐增加的砂浆样品做砂浆中氯的试验，以建立氯化物的分布图。

对预应力钢丝做视觉检查以确认钢丝的金属腐蚀程度，同时对预应力钢丝做一种重量损失的测量。通过合适的机械试验可以增加它们的可靠性。

五、监测频度

监测的频度按有关的技术文件进行，见表 3-2。

六、试验的规程

在利比亚大人工河第二期工程的特定环境条件下，现在还没有以实验为基础而建立的完整规程，来确定 PCCP 管的腐蚀危害程度。因此，在 PCCP 管暴露的条件下，使用无损坏技术和损坏技术相结合来建立一个模型，这个模型能进行调整以反映所有的经验。

监测频度进行表　　　　　　　　表 3-2

监测种类	要求时间
1. 常规现场监测	
封闭区域电位测量	回填后，在电阻率低于 15Ω·m 地区，最初每两年一次，再减少到每五年一次；其他地区，每五年测量一次。
固定电位测量	每三个月一次
永久的埋地参比电极　参比电极列混凝土测试桩	在使用年限内，每六个月测量一次。
相互影响试验	回填后每年一次
绝缘接缝试验	安装后每年一次
2. 确认试验（在实验室）	
电子试验也就是：线性极化电阻试验和电位试验等	正常情况每月一次；暴露环境变化后，在一周时间内减少到每天进行一套试验。
氯化物试验	暴露阶段的最末时间
对预应力钢丝的物理检查和视觉检查	暴露阶段的最末时间
3. 确认试验（在现场）	
电子试验	每六个月一次
氯化物试验	测试桩恢复后
对预应力钢丝的物理检查和视觉检查	测试桩恢复后

　　通过一系列的确认试验对以前的规程进行根本性地改进。这些试验的目的是制造最坏的条件，同时确定在测试桩上参考仪器的电子测量，这些测试桩是与钢丝表面的砂浆中饱和氯和钢丝的最初腐蚀有联系的。通过对钢丝的破损检查和对取样砂浆氯化程度的评估，以确认这后面的两种状态。

　　在中间的阶段，使用埋地混凝土测试桩、埋地参比电极以及固定的和静态的电位测量而获得电子测量结果。把这些电子测量结果用于定义 PCCP 管的危险分类次序。

　　在工程的整个设计使用年限内，通过测试桩的选择破坏性处理来校定这个 PCCP 管的中间危险分类，以提供最完整的腐蚀监测规程。该规程将在 PCCP 管设计的使用年限内得以实行。

初步腐蚀数据解释方阵见表 3-3。

腐蚀数据解释方阵　　　　　表 3-3

	规范	危害与现象	其他可能原因	备注
监测：固定电位测量封闭区域电位测量、测试桩电位测量	比硫酸铜参比电极 -350mV 更负。	预应力钢丝的快速腐蚀。外部阴极保护系统的干扰。	由于缺氧，负方向的总趋势是预期的；在相同位置，这可能是极值。阴极保护。	
长线电流测量	通过线性电流的聚合，可证明电流正在离开管道。	预应力钢丝的快速腐蚀。	预应力钢丝砂浆表面的碱量消耗（最终导致预应力钢丝的腐蚀）。	
D.C 极化电阻	从基础线增加	预应力钢丝的快速腐蚀。		
砂浆的电阻率	从基础线减少	氯离子汇集到砂浆层。障碍涂层失败。	湿度和其他盐份可能增加。	检查并分析该地区的土壤。
土壤数据：土壤电阻率	小于 1500Ω·cm	文献证实这些地区是 PCCP 管可能剥蚀的最大地区。		管道在该地区要做涂层保护；除非与氯化物或硫化物有联系，OW 电阻率未必是一个问题。
土壤中硫含量	全部 SO_3 大于 2%　溶解 SO_3 大于 5%	砂浆的剥蚀。		在该地区管道要做涂层保护。
土壤中氯含量	大于 500mg/L	氯离子汇集到水泥砂浆中。		在该地区管道要做涂层保护；考虑水分存在；氯化物需要游离水分。

续表

规范	危害与现象	其他可能原因	备注
阴极保护：管道至土壤的电位测试桩电位	硫酸铜参比电极 – 710mV，不包括电阻压降。	一个更正的值表示仍未达到阴极保护条件。	土壤条件可能不要求阴极保护	检查土壤数据；是阳极功能吗？使用衰变测量；在试验阳极进行测量，对怀疑地区每侧间隔5km进行所有试验阳极读值
极化衰变，指PCCP管，可以包括测试桩。	100mV	对照规程，失败表明可能缺少阴极保护。	土壤条件可能不要求阴极保护	检查土壤数据；检查管道与土壤的电位。是阳极功能吗？
电流流向锌缆	电流流向锌缆	锌缆钝化。	PCCP管可能不需要任何电流。	

提出的技术它们本身虽然不能用于决定PCCP管是否处于腐蚀危险状态。然而，当使用连同其他技术（数据基础）而获得的数据时，从这个技术获得的数据就能用于建立一个模型。这个模型显示在水泥砂浆涂层和预应力钢丝表面发生的腐蚀现象，这个模型将成为做出对PCCP管执行阴极保护措施的任何决定的合理基础。

第二节 阴极保护系统的安装、试验和试运行过程

一、概述

在利比亚大人工河的东线输水工程中，在土壤被确定为具有腐蚀性的地区，对直径4000mm的PCCP管进行阴极保护。在PCCP管的铺设过程中，要求同时进行阴极保护系统的安装工作。把四根加工成型的锌缆放在管线沟槽里作为牺牲阳极，每隔一定

的距离用铜芯导线把阳极锌缆连接到 PCCP 管道上。把试验设备安装到每个管道的检修人孔及其他附属构筑物的进入位置上。所有的阴极保护系统的安装、试验和试运行过程要求按有关的标准和规程进行，所有的施工活动按有关的安全、健康及防火等规定进行。在使用氧-乙炔喷灯或相似的工具去除阳极锌缆钢芯上的锌时，操作人员要带保护面罩以避免吸入含锌的烟雾。

二、安装

1. 总则

所有的安装工作要在管沟回填前和在回填过程中进行，加工成形的锌缆应该安装在管沟内四个不同的位置，两根安装在管道两侧的水平垫层面上，另两根安装在管顶上部 300mm 的水平垫层面上，具体的位置参见图 3-3 所示。

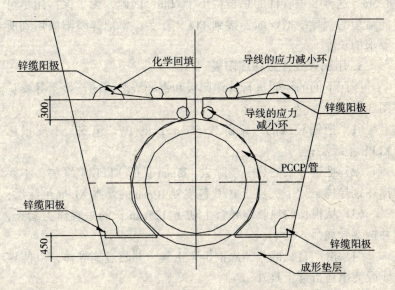

图 3-3 锌缆阳极和铜导线布置示意图

2. 在管沟底部锌缆阳极的安装

锌缆安装在沟槽边的垫层上，至少距 PCCP 管的外表面 1.2m。

除了一些特殊情形，用铜导线连接锌缆阳极的一端，这根铜导线另一端通过试验柱把锌缆连接到 PCCP 管上。其余的锌缆均用 16mm^2 的铜导线连接锌缆阳极的两端，铜导线的连接工作要求按下述部分所描述的过程进行。

用特制的化学回填材料围住锌缆，用手压实。压实化学回填材料的交叉部分要求不小于 80cm^2，化学回填材料由 20% 的皂土和 80% 的石膏组成。在使用前，要用手或用混凝土配料混合器进行完全混合，用厚 200~300mm 的土层盖住化学回填材料，以防止在回填管沟操作过程中，破坏化学回填材料和导线间的连接。

所有的锌缆阳极应平行于 PCCP 管放置，标准间隔 60m（即 8 根标准管件的长度）用铜导线把锌缆阳极连接到 PCCP 管上，参见图 3-4 进行。如果一根（多根）管件长度小于标准长度 7.5m，这样 8 根管件的总长将小于 60m，因此，为了保持用尽可能最短的铜导线把锌缆连接到 PCCP 管上，要把锌缆阳极切到所要求的长度。

3. 用铜导线连接锌缆阳极

按照下面的说明进行锌缆阳极和铜导线之间的连接，并参见图 3-4。

（1）把铜导线的一端除去 65mm 长的 PVC 包皮，不要损坏 XLPE 绝缘层；

（2）把铜导线的另一端除去 125mm 长的 XLPE 绝缘层，不要损坏铜导体，留下突出于 PVC 包皮外 10mm 的暴露 XLPE 绝缘层；

（3）从很长的热收缩导管上切下 125mm 长的短管作为套子，并把铜导线滑入套子；

（4）滑动直线部分插入铜折弯工具，并超过铜导体，以便导线股突出在折弯工具外；

（5）使用氧-乙炔喷灯或相似的工具去除 75mm 阳极锌缆钢芯上的锌；

（6）把阳极钢芯插入铜导线的铜股中心，在导线内、外部调整钢芯和折弯工具使钢芯在铜导线线股的中心，以便在相反端有

2mm 铜导线的线股突出来；

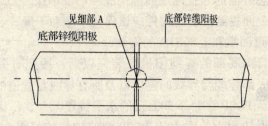

说明：1．一条锌缆在垫层上部，一条锌缆在管上部的边侧放置，
且距管外皮不小于1.2m。
2．具体参数及铺设方法参照PCCP管铺设部分的有关章节。

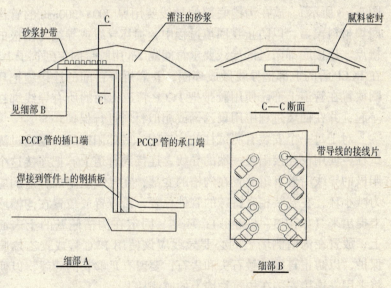

图 3-4 构筑物外导线连接到 PCCP 管的节点详图

（7）使用六角折皱工具，在每侧可压地方压两次，在铜弯折的每端折皱大约 2mm 长；

（8）把热收缩导管滑入这整个接缝的中心，使用软丙烷（丁烷或电热）枪加热使导管从中间到两边地折皱收缩，注意不要过热或烤焦导管的表面。完成后，收缩的导管将完全密封住所有暴

77

露的钢质阳极芯。从收缩的导管内的热熔化粘合要求在 PVC 敷盖层与钢芯外面的导管两端周围构成一个个小珠。

（9）上面提到的所有构件应该保持干净和干燥。

4. 管道回填和上部阳极的安装

两根管沟底部的锌缆阳极安装完以后，按照有关的施工次序，进行底部锌缆与导线的连接以及所有导线与管道的连接，把管沟回填至 PCCP 管上部 300mm 的水平位置。

在成形垫层上，垂直于 PCCP 管的轴线挖好深 200～300mm 的小槽。把连接底部锌缆的导线水平放置在小槽内，导线要尽可能地靠近 PCCP 管壁，并且要求导线松散地放在 PCCP 管侧（如图 3-3 所示）。放在沟槽底部的导线要用厚 200～300mm 的管沟回填材料覆盖，以防止在回填过程中，损坏导线或导线与阳极的接点。连接底部阳极的导线要求每间隔 1m 用胶带固定到管子上。在 PCCP 管的上部把导线做成环圈，并靠近管件间的连接缝把环圈放置在管道上部。使用胶带把 PCCP 管道上面的所有导线绑在一起，并在回填过程中用聚乙烯或相似材料进行保护。

对于每一个安装有测试柱的构筑物，底部阳极的一端通过测试柱，使用仅连接阳极一端的导线，连接到管道上。把连接这个阳极的导线沿着管道放置在沟槽的底部；在导线上附加合适的应力减小环，在安装相对特殊的管件位置，沿着置放位置在沟槽墙上提出来（如图 3-6 所示）；环结、固定在沟槽侧壁的土表面上；放置在沟槽侧墙上的必要导线应该使用 PVC 管或聚乙烯膜保护，以防止直接接触石头和岩石；要留有足够长的导线，以便将来用来连接安装在构筑物墙上的监测柱。

在回填的过程中，要避免回填土直接倾倒到导线上，小心进行回填，确保导线没有损坏。回填至管上部 300mm 的水平面，留下所有连接管道的导线不准盖上土。检查导线与管的连接点，确保在回填过程中没有发生损坏。用手回填导线与管道的连接点部分，夯实周围及其上部的回填土。

平整回填土的表面后，上部的阳极锌缆放置在化学回填材料上，用厚 200~300mm 的土层盖住化学回填材料。采用与连接下部阳极锌缆相同方法连接相关的导线到阳极，并预留下松散的导线。上部的阳极应铺设在距离管道表面不小于 1.2m 的回填土中。

5. 导线与管道的连接

(1) 没有试验设备的接缝

参考图 3-4、图 3-5。

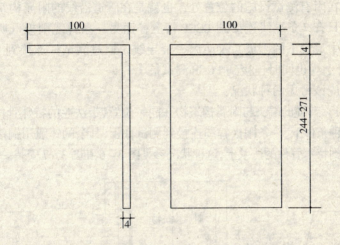

图 3-5 导线连接到 PCCP 管的低碳钢板

除了锌缆的底部端接在测试柱上，另一端则不与管道连接（见图 3-7）这一种状况外；所有的 8 根导线端要求连接到焊在 PCCP 管上的钢板上。

在管道放入管沟前，把钢板插头焊接到管件的插口上，这个钢板尽可能地放置在靠近管道外表面。在焊接前，应该对钢板的长度进行检查，如果需要，应把钢板切到要求的长度。

焊接后，清理钢板焊缝周围的表面，并涂刷一层特制的涂料。

管道在沟槽里安装完毕后，在对管道接缝灌注砂浆前，按下列的方法进行导线的连接：

使用角形的研磨工具把用于导线连接的钢板表面的脏物和氧

化层除掉,使钢板基本上干净;使用除油剂对钢板表面除油;用铜铆焊方法把从每个阳极锌缆引出的各自导线缚在钢板上。

这种铜铆焊系统要使用工厂预制的铜合金铆钉和可直接插到钢板上合适的铜焊导线接线片。

当进行铜焊操作时,要小心操作,以避免损坏管道涂层。

(2) 带测试设备的接缝

在附有测试设施的位置处,也就是在管道沿线的附属构筑物处。只有7条导线连接到PCCP管上,而另一条锌缆阳极(所有锌缆中最底下的阳极)仅使用一根导线,通过测试柱连接到PCCP管上(也同时连接到PCCP测试桩上)。

应该考虑两种状况:

1) 锌缆的端头与附属构筑物在同一位置(带法兰的特殊管件)。在这种条件下,一条阳极锌缆连接到测试柱上,其余的锌缆用铜铆焊连接到特殊管件的法兰上,这种状况参见图3-6和图3-7安装。

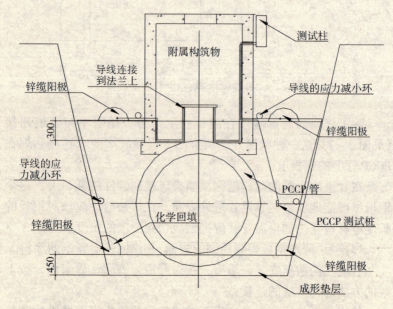

图3-6 在附属构筑物的锌缆阳极与PCCP管的导线连接

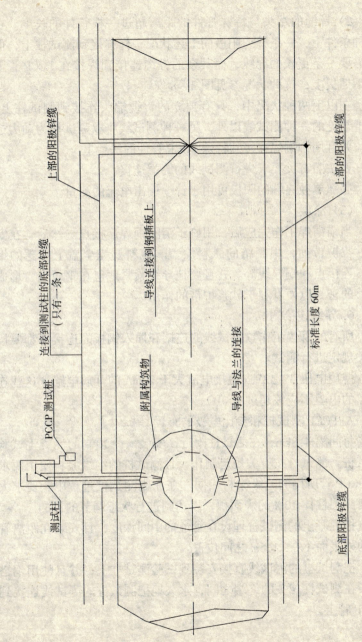

图 3-7 锌缆端头同一位置的测试柱连线示意图

2) 锌缆的端头与特殊管件的距离超过一根管件的长度。在这种条件下，一条锌缆阳极同上述状况一样连接到测试柱上，但是需要一条更长的导线，而其余的锌缆连接到焊接在 PCCP 管上的钢插板上，这种状况参见图 3-8 安装。

在以上两种状况中，只有独立的锌缆端头连接到测试柱上。除了常见的一种测试线以外，另一种测试线将以测试柱为动力运行，并且用铆铜焊连接到特殊 PCCP 管件的法兰上。

要按照有关要求进行测试线的终端连接。

底部单独终端的阳极可用于锌缆输出电流的测量。

(3) 涂层

当锚铜焊工作完成后，用刷子清除铜焊连接点。然后，在安装砂浆护带前，用凝结的腻料涂盖。腻料要完全盖上暴露的钢板、连接点和铜导线等。并且要把导线紧紧地包在钢板上，形成足够的密封以便有利于砂浆护带的作用。

6. 导线连接测试

所有的铆焊工作、测试线的连接和插入钢板的连接等都要按有关规定进行测试。

使用电压 $3\sim 12V$，短接电流大于 20mA 的开放电路，这些连接点的电阻不应该超过 0.01Ω。

7. PCCP 测试桩和参比电极的布置

每间隔 4.8km，在测试柱附近，安装一个预制的混凝土试验测试桩。测试桩按有关规定制作，且测试桩的绝缘涂料使用要求与 PCCP 管所用的绝缘涂料相同。在涂刷测试桩过程中，要求大约暴露圆柱体 10% 的表面积，以达到进行状态调节的目的。

把混凝土的测试桩埋设在管道的中间深度，且安装在距离管道的外表面 $1.0\sim 1.5m$ 之间位置。

把测试桩的测试线直接安装到试验测试柱上；并且使用铜搭接条在测试柱相关的终端之间，永久地把测试桩的测试线连接到 PCCP 管上。

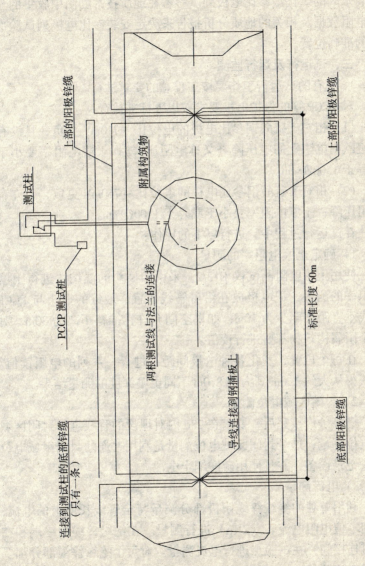

图 3-8 不与锌缆端头同一位置的测试桩连线示意图

在西线输水系统中的阴极保护部分,要在 4 个不同位置布设安装永久的氯化银参比电极列。参考在地质技术勘测中收集的土壤电阻数据及相关的地质分析报告来决定安装参比电极列试验部分的准确位置。

三、试运行及运行监测

1. 所有的试运行工作要按工程总的要求进行。

对 PCCP 管的保护电极要求按以下标准执行:

(1) 相对于硫酸铜参比电极的电位比 -710mV 更负,且没有土壤欧姆电阻上的电压降(又称电阻压降);土壤电阻率要小于或等于 $1500\Omega \cdot cm$。

(2) 相对于硫酸铜参比电极的电位比 -760mV 更负,允许有电阻压降;土壤电阻率要小于或等于 $1500\Omega \cdot cm$。

在试运行过程中,进行以下的操作:

1)确定土壤电阻率的测量

使用土壤电阻测试仪 ET3/2,采用四插头的温纳法进行土壤电阻率的测量。把电极放在沿着管线放置,最近的插头与 PCCP 管线垂直距离至少为 10m;如果空间允许,推荐距离为 30m。对每个附属构筑物都要进行读值。

在每个位置,变化各种电极间距,进行一系列的电阻读值。以获得从大约 1.0m 到大约 8.0m 不同土壤深度的测量结果。

2)封闭区域电位测量

搭接条焊接完后,要求在 28d 内对埋设的管线进行封闭区域的电位测量,这个封闭区域电位测量是利用普通的封闭区域电位测量记录设备,并且使用硫酸铜半电池。

3)电流测量

利用单独的绝缘锌缆阳极部分测量特定管线长度上的电流,使用零值电阻电流表(ZRA)进行测量。在绝缘锌缆的终端和在管道连接间,在试验点进行电流测量。对每个绝缘锌缆部分都要进行电流测量。

4)固定电位测量

在进行上述电流测量的同时，在每个测试柱位置上进行 PC-CP 管的电位测量和硫酸铜参比电极的电位测量。

2. 运行监测

按有关的文件对埋设的阴极保护系统进行定期监测。

四、阴极保护系统安装材料的使用

在利比亚大人工河输水工程的第二期工程中，有直径 2400mm 的 PCCP 管线长 30km 需要做牺牲阳极的阴极保护。阴极保护系统的设计年限为 25 年，单根锌缆长度为 60m，PCCP 管的钢套筒外部直径为 2.6m。

根据阳极使用寿命的计算公式：

$$T = \frac{WA\rho\eta}{8760I}$$

式中　T——使用寿命，年；

　　　W——牺牲阳极的重量，1000kg；

　　　A——阳极理论电流产率，根据原材料取 780A·h/kg；

　　　η——阳极利用系数，一般可取 0.8；

　　　ρ——阳极的电流效率，可取 90%；

　　　I——阳极输出的电流，mA。

单位表面积 $= \pi dL = 3.14 \times 2.6 \times 60 = 490 m^2$

从有关的文件可知，要求设计电流密度为 $1mA/m^2$

故要求电流 $I = 490 \times 1 = 490 mA$ 一般按下列计算公式：

要求重量 $W = 25 \times 8760 \times 490/780 \times 0.8 \times 0.9 \times 1000 = 191.1 kg$

若采用 R1660 型锌缆，每米重为 1.78kg。

计算需要的材料：

一条长 60m 锌缆的重量 $= 1.78 \times 60 = 107.1 kg$

两条长 60m 锌缆的重量 $= 107.1 \times 2 = 214.2 kg$

三条长 60m 锌缆的重量 $= 107.1 \times 3 = 321.3 kg$

从锌缆阳极产生的电流：

$R = 1500/4\pi \times 6000 \times 0.9 \left\{ [4 \times 60 \times 160 \times 0.9/0.25] - 1 \right\} = 0.229\Omega$

$I = \Delta V/R = [1.1 - (0.71 + 0.2)]/0.229 = 0.19/0.229 = 0.83\text{AmP} = 830\text{mAmP}$

故对直径 2400mm 的 PCCP 管在该地区可设计铺设两条锌缆作为阳极进行管道的阴极保护。具体铺设位置见图 3-9，具体材料用量见表 3-4。

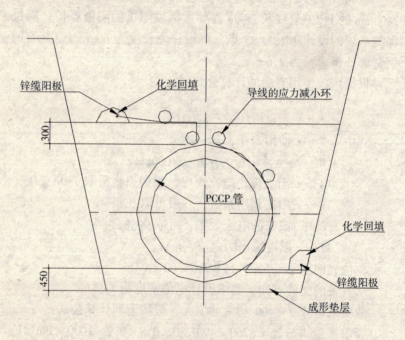

图 3-9　锌缆阳极和铜导线布置示意图

安装 1km 的阴极保护系统所需的材料表　　　表 3-4

序号	材料名称	单位	数量	备注
1	锌缆	m	1000	每条锌缆长 60m
2	用于导线与 PCCP 管连接的低碳钢板	每块	17	每 60m 一块钢板
3	黑色的 16mm^2 单芯铜 XLPE/PVC 导线	m	340	每个接缝 20m 导线（其中每条底部锌缆用 7m，每条上部锌缆用 3m）。

续表

序号	材料名称	单位	数量	备注
4	红色的 $16mm^2$ 单芯铜 XLPE/PVC 导线	m	28	用于锌缆与附属构筑物的连接（供电流测试用）
5	$16mm^2$ 的导线接线片	个	80	每根阳极锌缆一个接线片，每个接缝 4 个接线片。每公里用 68 个接线片，加 5%备用，共计 80 个。
6	$25mm^2$ 锡铜平行镶接	个	80	导线与锌缆阳极的连接
7	用于铜铆焊的铆钉	个	100	在钢板上固定导线
8	化学回填材料（20%石膏+80%皂土）	m^3	20	用于回填锌缆
9	腻料	处	9	
10	树脂线性热收缩套管 12/3	个	100	用于盖阳极锌缆间的接缝

第三节 测试线连接技术

一、设计条件

该工程所涉及的所有土建工程和设备均是按在沙漠环境并可能偶尔遭受淹没的条件下运行设计的。除地面以上的导线以外，监测柱和测试设备的设计使用寿命均为 50 年，且具有抗夯实能力和抗破坏能力；所有的测试线导线设计使用寿命要求不小于 25 年。

二、概述

1. 范围

这个工程基础规程阐述测试线连接技术总的适用范围以及对测试线连接的基本要求。关于测试线连接的测试、材料、监察等要求按有关的技术规程和标准进行。

下面介绍把测试线连接到 PCCP 管线、附属构筑物的结构钢筋、球墨铸铁管、埋地钢体部分的方法，以及在施工过程中对要求测试的设备进行标识的方法；通过测试的设备做电位测量，以便能够连续地监督钢材的抗腐蚀性；同时安装从混凝土测试桩引出的测试线，以获得 PCCP 管腐蚀状况的进一步信息；对用于监测阴极保护系统效果的测试线连接可以在以后进行安装。

关于对监测流量控制站、调节水池、前弯水池等主要构筑物的测试线连接的任何要求要在它们的结构详图和构造详图中进行具体阐述。

测试线连接的工作范围包括所有工厂的供给、材料、劳动力、设备、监察、工具、测试、技术和职业服务、必须的和补偿性的临时工作等。

2. 设置附属构筑物上的测试点

（1）独立 PCCP 管、排泄阀、流量表、大型分流阀、车辆进入室、流量控制室、支管阀室和集水管阀室等构筑物。

在每个构筑物的构造钢筋上设置 C 型测试线，如图 3－13 所示。测试线接到构筑物外侧地面以上容易够得着的测试点上，如图 3－25 所示。在构筑物上有很多测试线，把这些测试线接到监测柱上，如图 3－24 所示。

（2）排气管和竖管

在排气管和竖管上不需要设置测试点。

（3）止推支墩

一般按照图 3－17 所示的详图在止推支墩的钢筋上设置 G 型测试点，在 PCCP 管的同一位置也设置 B 型测试点，如图 3－12 所示。把测试线连接到监测柱上，如图 3－21 所示。

（4）检修人孔、排气阀、泵井、小型分流阀等附属构筑物

在检修人孔、排气阀、泵井、小型分流阀等附属构筑物上不需要设置测试点。

3. 设置外线排水系统中的测试线

（1）缓冲排泄构筑物

在这些构筑物的钢筋上不需要设置测试点。

（2）埋设的球墨铸铁放空管线

在埋设的球墨铸铁放空管线上设置测试线连接，如图 3－19

所示；并且把测试线连接到监测柱上，如图3-21所示。在高腐蚀地段，把管道接缝要焊接成电连续的。

4. PCCP 输水管线上测试桩的布设

沿着 PCCP 管线路径，每间隔 4.8km 安装一个测试桩。测试桩尽可能布置在检修人孔附近，并且按图7所示布置。然而，在靠近管线承插口接缝位置，如果需要，可以把测试线通到图3-21所示的监测柱上。

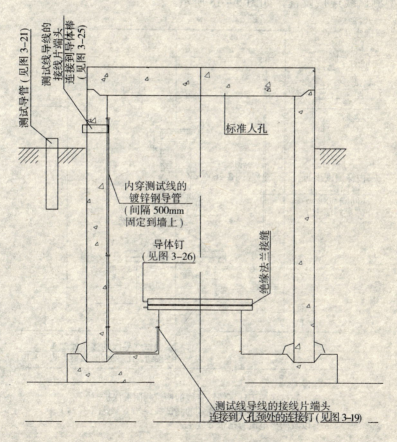

图3-10　A型—人孔测试线

5. PCCP 管上测试线连接设备的布设

沿着每条 PCCP 管线的整个长度,每标称间距 600m 布设一个检修人孔。在每个 PCCP 管的检修人孔颈处设置 A 型测试线连接,如图 3-10 和图 3-11 所示。

6. 与原有的管线交叉管线和被其他金属设施包围的管线测试线连接设备

在交叉的原有管线上和包围管线的其他金属设施上设置 H 型测试线连接设备,如图 3-18 所示。

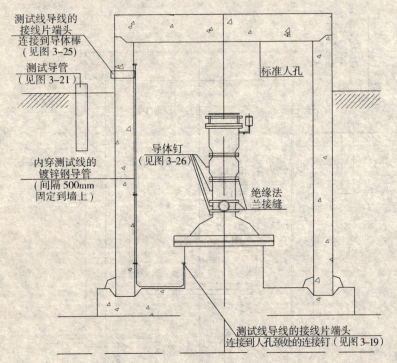

说明:
当测试线用于球墨铸铁管线的构筑物阴极保护时,
它要求监测柱提供人孔颈的测试线终端(参见图 3-24)
以及阳极电流(携带导线)。

图 3-11 A 型—带排气阀的人孔测试线

7. 集水管线的球墨铸铁管部分的测试线连接设备

在集水管线的球墨铸铁管部分的排气阀室和截流阀室上设置测试线连接设备和监测点；在相距不大于1km的位置设置连接到阴极保护球墨铸铁管的测试线连接。并且确保把测试线用铜铆焊法缚到球墨铸铁管上的螺纹连接钉上，一般如图3-19所示。在高腐蚀性地区，按有关技术规定把管道的接缝焊成电连续的；在埋地的阴极保护的球墨铸铁管和未做阴极保护的PCCP管之间设置电绝缘保护。

8. 用于测试绝缘法兰接缝的测试线连接设备

在绝缘法兰的每侧设置导体铆钉，如图3-26所示。

三、特殊要求

1. A型—检修人孔测试线

在输水管线的所有检修人孔上，设置有铜焊到分支法兰外侧钢颈上的铜合金连接铆钉，并且它附着的测试线连接到插入构筑物地面以上墙上的导体棒上，如图3-10所示。用安装在构筑物墙上的电镀钢导管（每间隔500mm固定一次）穿引测试线，如图3-10和图3-11所示。准备所有的螺栓、螺母、导线、零件，并密封导管的两端，以完成安装工作。在构筑物墙体的外侧喷涂一个直径300mm的黄色圆圈。

2. B型—PCCP管线的测试线

在PCCP管线埋地部分的指定位置设置两条测试线，并且连接到地面以上的监测柱上，参见图3-12。

对于这种类型的连续，把钢板插舌焊接到管件的插口接头上，可参见图3-20所示施工。

要使用一个临时的标识柱以定位回填后的测试线接头。回填后，在现场浇筑一个监测柱，如图3-21所示，并完成测试线的连接工作。

3. C型—钢筋测试线

对于主管线阀室、集水管线的阀室、车辆进入室、分流阀、排泄阀以及图上所标识地方，构筑物的钢筋要做成电连续的。

对于构筑物的钢筋有监测要求的部位，测试线应连接到插入构筑物墙上的连接棒上,以提供构筑物外侧的地面上终端进入点,如图3-25所示。

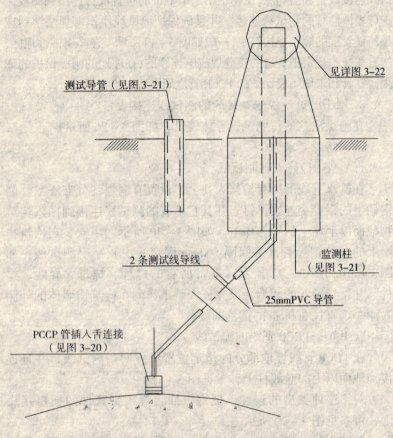

图3-12 B型—PCCP管线的测试线

把一个铜合金导体棒铜焊到钢筋上,并且穿过混凝土引出,以提供一个螺纹连接点。测试线的附件包括一个合适的防松螺母和垫圈,如图3-13所示。在混凝土内的导体棒必须是绝缘的。

把测试线连接到地面以上的监测柱上,如图3-14和图3-15所示。

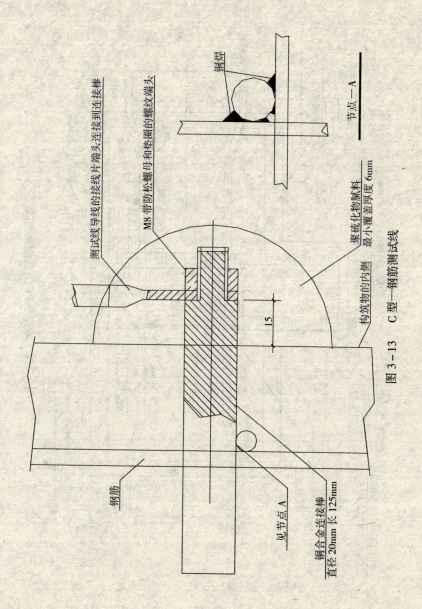

图 3-13 C型—钢筋测试线

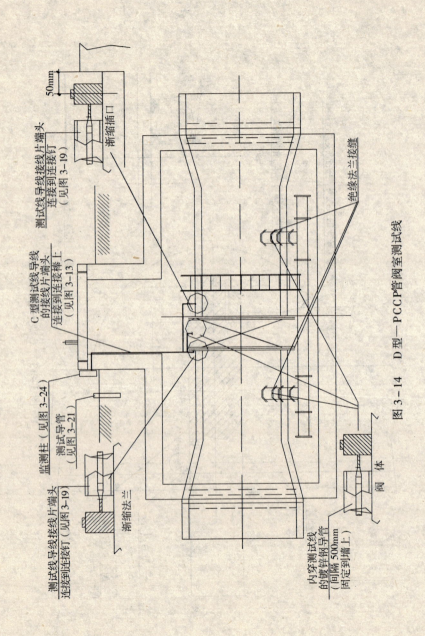

图 3-14 D 型—PCCP 管阀室测试线

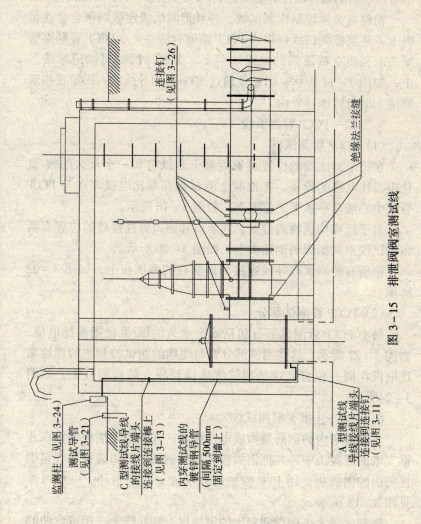

图 3-15 排泄阀阀室测试线

4. D 型—PCCP 管阀室测试线

在附属构筑物内的 PCCP 管上和独立的截流阀上设置测试线，沿着构筑物的墙伸出接到监测柱上，可参见图 3-14 所示施工。

根据有关规定制作测试线，并且把测试线连接到铜合金连接钉上。还要把测试线铜焊到 PCCP 渐缩管法兰上、PCCP 管渐缩管插头上、独立截流阀的绝缘法兰上、旁通球阀的每侧绝缘法兰上，如图 3-14 所示。把长度超过 500mm 的导线放入固定在构筑物墙上的电镀钢导管内。

5. E 型—PCCP 管测试线

（1）PCCP 管测试桩

在每个测试线的位置设置混凝土测试桩和一个永久的银/氯化银参比电极的设备。把混凝土测试桩和参比电极埋在与 PCCP 管线中心线几乎水平的位置上，如图 3-16 所示。

对于远离构筑物的位置，在承口和插口管件接缝的位置有两条测试线永久铜焊到钢插头上，如图 3-20 所示。

把所有的测试线导线连接到监测柱的测试板上，如图 3-22 所示。

（2）PCCP 管测试部分

每个 PCCP 管测试部分包括 6 个永久的银/氯化银参比电极，如图 3-27 所示。这些测试部分要与埋地的测试桩和它的埋地参比电极在同一位置，这些测试线连接到独立的监测柱上，如图 3-24所示。

6. G 型—止推支墩测试线

止推支墩内的钢筋要做成电连续的；并且把钢插板埋设在止推支墩的混凝土中，并把钢插板接焊到钢筋上。用镀锌钢管包围住突出的钢插板，用 PVC 管密封以形成一个拦水环，一般可参见图 3-18 所示。

把测试线永久铆焊到突出的钢插板上和导线上，用可弯曲的 PVC 导管和硬质的 PVC 管密封，以保护导线，并且把导线接到监测柱上，如图 3-21 所示。

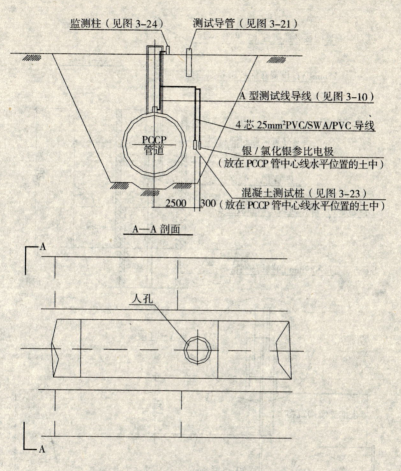

图 3-16 E 型—PCCP 测试桩的测试线
（PCCP 测试部分的详图见图 3-27）

把管的内部填入适当的环氧树脂密封材料进行密封，以便能够盖住铜焊接缝和导线绝缘体。环氧树脂密封材料要至少 50mm 厚。

7. H 型—与公共设施交叉的测试线

97

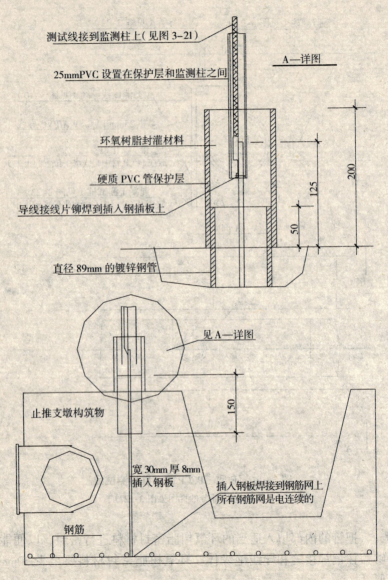

图3-17 G型—止推支墩测试线

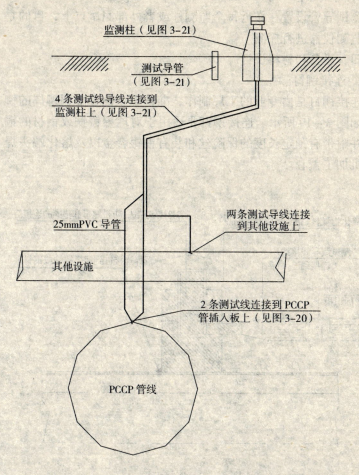

图 3-18 H 型—与其他公共设施交叉的测试线

当 PCCP 管与公共设施交叉或者管线被其他金属设施包围时，采用 H 型测试线。它包括两条从 PCCP 管线接出的测试线，以及两条永久地铆铜焊到金属设施或者公共设施交叉金属上的测试线。把所有的测试线连接到地面以上的监测柱上，如图 3-18 所示。

8. 测试导管

测试导管设置在靠近每个监测柱或者外部测试点上，目的是使用监测仪器进行探测。

四、设备和材料设计

1. 连接铆钉

连接铆钉是由专业的工厂制作，准备用于铜合金铜铆焊的铆钉，如图 3-19 所示。连接铆钉要适用于对球墨铸铁或钢材的铜焊，并附带有预定长度的保险丝和装有铜银合金以及熔化端头焊剂的机加工盖套。

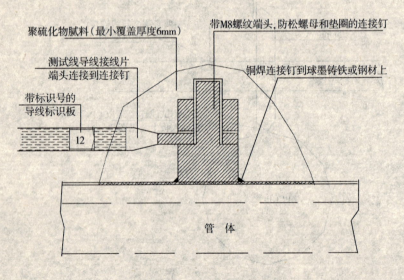

图 3-19　连接钉

对于永久的铜焊连接，使用直径 8mm 的平头铆钉。

对于使用 8mm 双头螺栓的可拆卸连接要用 ISO 公制的 M8 螺纹，并且要求配有防松的不锈钢螺母和两个普通不锈钢垫圈。

当进行铆铜焊时，每个连接铆钉要求配有一个陶制的垫圈。

2. 管件接缝的插入板

用厚8mm、宽50mm、长300mm的低碳钢板制作管接缝插入板,并把两条测试线铜焊到一端,如图3-20所示。

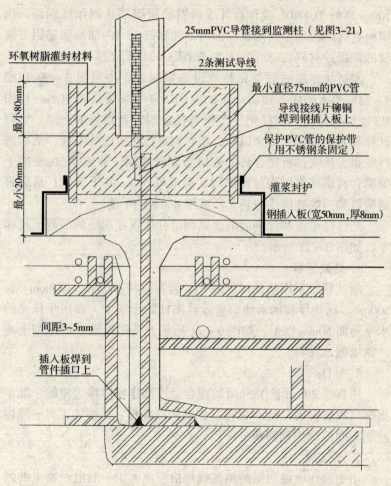

图3-20 PCCP管插入连接

3. 监测柱

用直径125mm的钢管制作监测柱,预计钢管长度约为

1600mm，并且确保监测柱高出自然地面至少 550mm。监测柱上部末端是内部加强筋，以支撑终端板。从底部大约 900mm，把一个熟铁法兰焊到监测柱上，如图 3-21 和图 3-22 所示。用 10mm 厚的 TUFNOL 或含有纤维材料的树脂制品制作终端板，用螺栓把终端板固定到测试柱的内部加强筋上（内部加强筋附带镀锌的钢螺栓材料），如图 3-22 和图 3-24 所示。

测试线连接的数量见特殊设备资料表，按照图 3-23 和图 3-25 的要求制作，预留一定的空间以便于安装搭接电阻。使用 M8 镀锌的插头钢螺杆把一个钢盖板栓固定到钢管的上部。当测试柱和它的盖生产出来以后，把它们进行热浸内外电镀；然后进行脱脂，风吹；再用含锌的浓树脂底料涂刷，形成厚 $30\mu m$ 的干薄膜；再刷环氧树脂过渡涂层，形成厚 $50\mu m$ 的干薄膜；最后再刷聚氨酯丙烯酸清漆涂料，形成厚 $40\mu m$ 的干薄膜。

把已经电镀和涂刷后的金属测试柱埋置在现浇的混凝土柱体中，如图 3-21 所示。

4. 测试导管

测试导管采用坚硬材质的 PVC 管，直径 100mm、厚 3mm、长 500mm。这些导管插入地面靠近监测柱的土壤中，高出于抹光的水平地面 50mm 以上，如图 3-21 所示。从附近地区取用细土或砂回填测试导管。

5. 导体棒

用直径 20mm 长 125mm 的铜合金棒制作导体棒，棒的一端车出螺纹以适合 M8（ISO 公称）铜制防松螺母，机器加工另一端以便能牢固地铜焊到钢筋上。

6. 测试线

用于制作电位测量的测试线规格应该大于一般电子要求的强度。除测试桩的测试线以外，用于电位测量的测试线采用 $16mm^2$ 单芯铜丝的 XLPE/PVC 导线；测试桩的测试线采用 4 芯的 $2.5mm^2$ 铜丝的 PVC/SWA/PVC 导线。而且测试线规格要符合关于低电压动力和控制导线的技术要求。

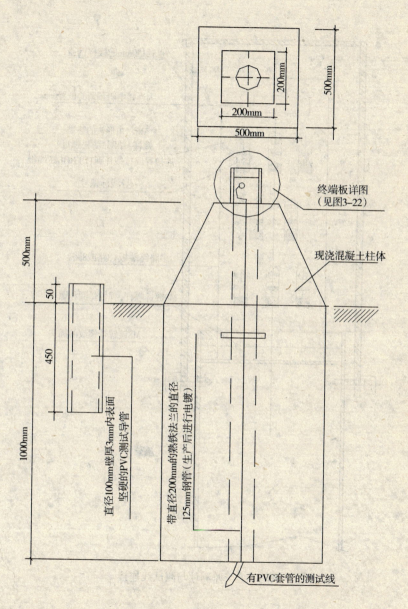

图 3-21 监测柱

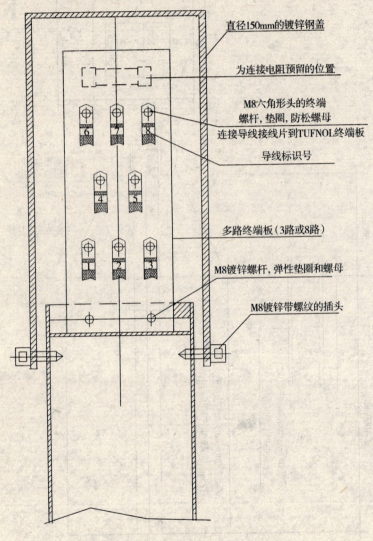

图 3-22 监测柱与测试线连接

不允许对测试导线进行扭转或者镶接栓固,连接也应采用永久的低阻型方式。在安装过程中或其后续工作中,测试线导线的放置不允许产生过大的应力或者损坏;并且要设置充足的松散导线,以便适应发生适当的回填沉降而造成的损坏。

把导线接线片安装到测试线上,以便于固定到所有的螺纹连接点上;而且导线接线片要包括所有要求的铜固定螺钉、铜螺母、铜垫圈等,以便于进行安装。所有铜固定螺钉、铜螺母、铜垫圈要求镀镍,每个测试线的每个端点要安装上合适的导线标识板。在标识板上,通过盖印或刻制导线的标识号码以便作为永久的标志,把这些号码列在特殊的设备数据表中。

7. 永久的参比电极

(1) 同混凝土测试桩埋在一起的参比电极

当参比电极埋在干燥的土壤中,或者埋在标准氯化物含量达到6000ppm、标准硫化物含量达到5000ppm、pH 在 6~9 之间的饱和土壤中时,参比电极的设计最小连续运行使用年限是 5 年。在开放电路和 250μA 的信号电流中,要求电极电位不会发生明显变化。每个电极要配备 15m 长的 $10mm^2$ PVC/PVC 单芯铜导线,并且在导线的每一端要用单一的参考数值来表示。标识的标号要求是永久的,确保安装的数字化标识板适合于测试线,而且要求安装比较合适的数字化标识板。

(2) 测试 PCCP 管的参比电极

按有关规定制作这些参比电极,这些参比电极要带有适合于PCCP 管周围位置长度的导线。参比电极要在距离 PCCP 管的圆柱体外表面大约 300mm 周围等距离布置;参比电极的导线要与监测柱的测试板连接。终端连接要求与电极的位置一致,并以顺时针方向顺次地进行编码。

8. 混凝土测试桩的测试线连接

按有关的规定制作测试线;在工厂制作测试桩过程中,把测试线连接到 16A、4 路可弯尼龙终端块上,如图 3-24 所示。按有关的规定制作混凝土测试桩。

五、制作

1. 铜焊和焊接的表面准备

在现场锉光钢筋,以除去表面材料的残骸和暴露的裸金属。在焊接和铜铆之前,对焊接和铜铆点这些地方要除净并且避免潮湿。

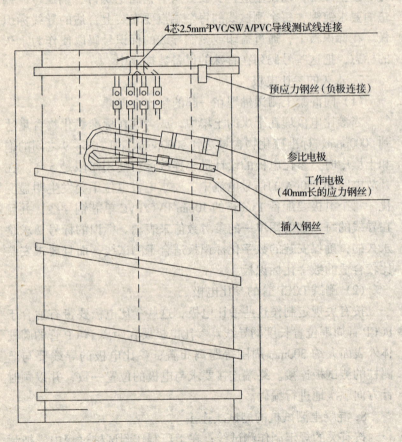

图 3-23　测试线在混凝土桩中的连接

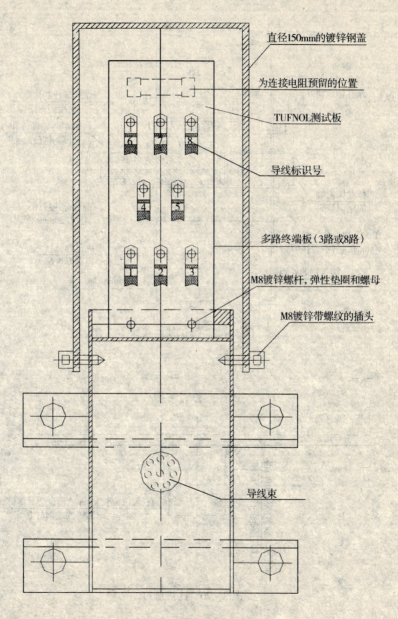

图 3-24 构筑物内的监测柱

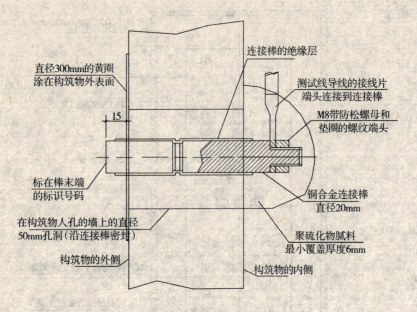

图 3-25 测试线连接棒

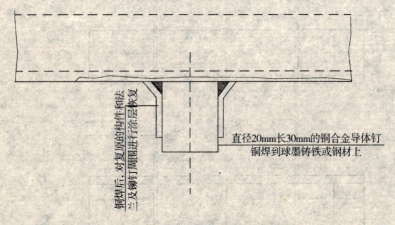

图 3-26 连接铆钉

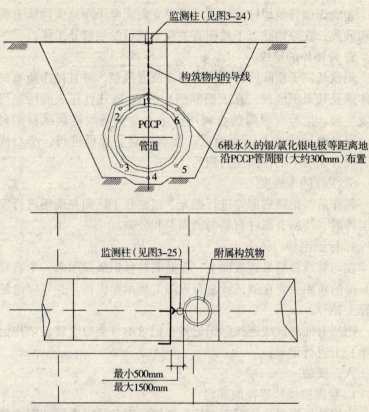

备注:
带独立监测柱的测试桩测试线连接。
详图见图3-16。

图 3-27　PCCP 管测试部分

2. 钢的焊接

按照有关规定要求进行 PCCP 管的所有钢插头焊接，如图 3-20 所示。

3. 铜和铜合金的连接

用铜焊把连接钉永久地连接到钢或球墨铸铁管上。

4. 损坏涂层的修补处理

完成焊接且铜焊区域冷却后，要立刻完全干净地去除所有熔渣和残骸；在原始状态下按照有关规定进行涂层修补工作。

5. 导体棒的绝缘

用铁丝刷子刷除所有的铜焊熔渣或者残骸，并且擦净所有的导体棒及其周围地区。在表面除净后的 2h 内并且在表面污染可能发生前，把所有裸露的金属用手涂上 2 束高级建筑腻料型材料，以封灌导体棒及铜焊地区。要求按有关规程进行，小心操作，确保涂层不沾污周围的钢筋。

6. 工作的准确度

制作后，把所有部件进行抛光。以便在工厂和在现场进行安装工作时，使所有部件有适当的误差和公隙。

7. 标识记号

在与管线靠得最近表面上，在监测柱标识板周围画一个直径 300mm 的黄圈。要在测试线总布置图上显示标识板，并且应清楚地标上站号。

把所有的测试线连接标识记号在记录单（类似于建筑结构记录单）上进行记录。

六、安装

1. 栓固接线片连接的灌封

当修补处理损坏涂层完成后，把铆铜焊和栓固连接到钢或球墨铸铁结构上的连接片要用聚合硫化物腻料进行封灌，并暴露留下导线的标识板。

2. B 型测试线的连接方法（G 型测试线类似）

（1）用铁丝刷子刷暴露的金属表面，并全部清扫，以去除所有的水泥残骸、脏物和灰尘等。

（2）定位测试线舌插头，并且连接焊接，如图 3-20 所示。

（3）去除焊皮，用铁丝刷子刷，并且清理插入舌及其周围地区。在清理干净后的两小时内，在可能发生表面污染前，把所有的暴露金属用手涂 2 束高级建筑腻料型材料，以封灌导体棒和铜焊地区。要小心操作，确保涂层不扩展到超出周围混凝土 6mm。

(4) 重要性：当管件铺设一部分后，在灌缝之前，有必要确保测试线舌朝上，且尽可能地处于垂直位置，并且要检查电连续性。

(5) 包裹和灌注接缝，留下突出于护带的插入舌。

(6) 通过一系列径向切除，打开足够大的护带，以便能将筒形的保护密封体插入。

(7) 把测试线铆铜焊到插入舌上，如图 3-17 所示。

(8) 穿过密封体到达测试线，把测试线固定到护带开口处而形成接缝。包裹插入缝，确保可以防水，并把测试线固定在带着不锈钢带的主护带接缝内。

(9) 用灌封环氧树脂材料填充筒状的密封体，用足够的材料（至少 50mm 厚）盖住测试线导线的绝缘体。

(10) 缠绕导线，并且把强尼龙绳或者适当长度的导线缚到测试线上。另一端接到临时地面标识柱上，以标明管道接缝的位置，把这些信息也贮存进附加的原有位置图中。在回填 PCCP 管之前，用临时的木盖板保护缠绕的导线和钢插片。

注意：上述的操作过程目的是尽可能不会拖延铺设和回填工作，并且能够进行测试线连接，以及后来进行的永久标识柱建造。

3. 安装的完成

(1) 在临时标识柱上定位接合点，开挖土层揭开 PCCP 管上部的临时木盖板，把带有测试线导线的测试线舌缚在上面。把测试线穿入直径 25mm 或 35mm 的 PVC 导管内，在导管上部放置钢标识柱，然后回填；在导管内嵌入测试线（至少带有 500mm 的空余导线，缠绕在柱的内部）。最后，在标识柱的周围浇灌混凝土块（采用 C 级混凝土），对周围的土壤紧紧地夯实以恢复到原有状况。

在距 PCCP 管道的中心线大约 2500mm 处，对带有混凝土外壳的永久标识柱进行定位。

(2) 在最靠近 PCCP 管的标识柱侧面涂一个直径 300mm 的黄

圈，以辅助标识定位。
4. 电连续测试
按有关的规定进行铆铜焊的测试线连接和插入舌连接的测试工作。在一个电压 3~12V 及大于 20mA 短接电流的开放电路内，这些连接的电阻不应该超过 0.01Ω。

第四部分　特大型附属构筑物的施工

工程简介:在利比亚大人工河输水工程输水管线第二期工程中,我们沈铁锦工集团先后共完成了七个特大型地下式贮水池和许多管线上的截流阀、分流阀、管道止推支墩、车辆进入室等附属构筑物的施工。这些地下式贮水池均设计成"设缝单元组合式"钢筋混凝土结构,采用"单元"组合与标准化、系列化、通用化和施工机械化的方法建造。它充分利用机械设备和工厂化生产的钢制,模板可连续施工,且可循环使用,大大地提高了施工的速度,并可保证施工质量,使施工技术与管理水平有了一个根本性的转变。

整个水池是由许多小施工单元块组合而构成的,底板、顶板平面尺寸以 15m×15m 为基本单元体,池壁(包括中隔墙)以长 15m 为基本单元体。顶板和池壁采用分离的滑动连接,这样不仅节约建筑材料,也可方便施工,缩短施工周期。

经过大家的共同努力,由于精心施工和采用小施工单元块单独浇筑等施工技术,都做到一次试水成功,无渗漏现象。不仅圆满地完成了任务,还得到监理单位以及业主的好评。我们在施工实践中,总结了一些实践经验,现以嘎拉布里调节水池为例介绍这类水池的施工方法及其主要注意事项;为了使读者更加形象地了解工程的具体情况,我们插入了现场施工的部分图片。

第一节　嘎拉布里调节水池的施工组织设计

一、工程概况

嘎拉布里水池位于北撒哈拉沙漠的最北端,空气干燥,气候炎热，最高气温高达51℃，年降雨量很少。嘎拉布里调节水池长182m、宽182m、高6.06m，属钢筋混凝土有盖地下式结构；设计贮水水深5.0m，有效贮水容积16.3万 m^3。水池中间有一道隔墙，墙厚均为525mm；水池周边墙体为直角梯形，底宽630mm，顶宽400mm；池内共有1296根柱子，柱子的直径为400mm；水池顶板和底板厚度均为300mm，双层钢筋网；水池顶板上覆盖一层厚300mm的顶板防护砾石以对混凝土进行热温防护，以适应剧烈天气的变化；全部顶板都允许有12kN/m^2的动荷载，以保证铺设砾石层用的小型车辆通行。水池位于一个小土山上，土方挖掘深度为5.0m。

主要工程量：
1. 水池的挖掘土方——320000m^3
2. 水池所用模板——62600m^2
3. 水池绑扎钢筋——6700t
4. 水池混凝土浇筑——36400m^3
5. 相关工程混凝土浇筑——5400^3

二、施工的基本顺序

1. 确认并研究全部相关图纸。
2. 设置测量网，确立测量位置及标高。
3. 完成构筑物现场土方挖掘工作。
4. 对超挖区域进行修补，确认地基试验。
5. 浇筑进口和出口处垫层的混凝土，做好养生保护，并做防腐保护。
6. 进行进口和出口处底板和墙体的混凝土结构施工，并做好养生保护。
7. 对进口和出口处立墙进行混凝土表面防腐保护处理。
8. 用三七灰土回填进口和出口周围的超挖部分，完成夯实工作。
9. 浇筑水池底板垫层的混凝土，做好养生保护，并做防腐保护。
10. 进行水池底板的混凝土结构施工，施工顺序为T型展开式，即由水池进水口一端向出水口方向进行，同时沿水池中线向外两侧展开。

11. 在已经完成的底板上进行墙基和柱基的施工。
12. 在已经完成的墙基和柱基上进行墙体和柱体的施工。
13. 在已经完成墙体和柱体上开始进行水池顶板的施工，施工顺序与底板基本相同。
14. 水池的主体结构完成后，开始对顶板和外墙的外部表面进行防腐处理。
15. 在水池周围安装排水系统。
16. 完成排水系统上的阀室等附属构筑物的土建工作。
17. 按顺序回填周围砂砾垫层和其他回填材料。
18. 完成水池进入室的土建施工。
19. 安装进入室和紧急出口的扶梯。
20. 铺顶板上的粗砾石层，完成进入室附近区域的硬面铺设。
21. 进行车行道和排水管的施工。
22. 电器、机械和控制以及其他系统的安装。
23. 安全防护网施工。
24. 确认最终文件。

三、施工的组织管理

1. 工程经理或其代理人负责全部施工活动，保证根据已批准的技术标准、施工图纸和施工工序进行有计划地施工。
2. 现场的质检工程师对工程的每道工序都进行跟踪检查，并对施工作业进行指导和帮助；每道工序须经监理工程师检查，认定批准后方可进行下道工序的施工。
3. 测量师负责放线、调直和水平标高的控制。
4. 安全工程师根据有关文件对施工人员的安全、健康和防火等事项进行负责。
5. 地质工程师对土质分类、地质条件等负责。

四、施工的总体安排

（一）施工周期

调节水池和相关的周围附属构筑物的施工工期计划为17个月,即施工日期为1995年1月至1996年5月末,以适应1996年9月1日准时完成向利比亚首都的黎波里通水的最终目标。施工周期是以现已配备的施工人员和现有设备为前提条件,以耗时最少为标准制定的。

1. 土方

预计2个月能完成土方挖掘工作。

2. 底板

混凝土垫层可不计算在施工周期里,底板绑扎钢用筋1d,模板工作用1d,浇筑混凝土用1d,因此,把每小施工单元块底板工作周期定为3d。

水池底板分为144个小施工单元块,假定每天平均浇筑3.5块,总计需要浇筑42次。每月按26个工作日计算,共需要大约5个月($42 \times 3 = 126/26 = 4.85$)时间完成整个底板的工作。

3. 墙基和墙体

墙基的钢筋绑扎用0.5d,模板用1d,混凝土浇筑用0.5d,计2d为一循环周期。墙体的钢筋绑扎用2d,模板工作用2d,混凝土浇筑用1d,养生用1d,拆模用1d,计7d为一个循环工作周期。共有60小施工单元块墙板,其中15m长的51块,其他10m长或更短。现有5组15m长钢模板,3台15m长推车($2 \times 7.5m$)。每月按26个工作日计算,如果同时使用5组钢模板,可在3.25月内完成。如果在推车组上仅使用3组钢模板,完成全部墙体的工作共需要5.5个月($60 \times 7 = 420/26 = 16.2/3 = 5.4$)。

根据实际情况,墙基施工可不计算在施工周期里。使用不带推车的模板要配有一套平整的混凝土基础支撑,还要在吊车配合施工,使用很不方便。因此,5组模板只考虑其中带推车的3组钢模板配套使用,因此墙基和墙体的施工周期为5.5个月。

4. 柱基和柱体

柱基的钢筋绑扎用0.5d,模板用1d,混凝土浇筑用0.5d,计2d为一循环工作周期。柱的钢筋绑扎用1d,模板工作用1d,

混凝土浇筑用 1d，养生用 1d，共 4 天为一个循环工作周期。不停地使用 9 组推车（一组推车带 4 个柱模，共 36 根柱模），要完成全部 1296 根柱子每组推车需要使用 36 次。

根据现场实际情况，柱基施工可不计算在施工周期里；每月按 26 个工作日计算，因此所有柱基和柱体的施工周期为 5.6 个月（$36 \times 4 = 144/26 = 5.6$）。

5. 顶板

桌式模板支模和拆移需用 4d，绑扎钢筋需要用 2d，混凝土浇筑需要用 1d，养生需要用 7d，顶板共 14d 为一个循环工作周期。顶板共分为 144 个小施工单元块，其中 44 个 16.4×16.4m 边板，100 个 15×15m 标准板。配有 10 组桌式模板，每组模板平均使用次数为 15 次。每月按 26 个工作日计算，完成全部顶板施工需要 8.1 个月（$15 \times 14 = 210/26 = 8.1$）。

（二）主要机械设备和劳动力配置

1. 土方施工设备

5 台 45t 的推土机　　　　2 台 $4.5m^3$ 的装载机
12 台 25t 的自卸卡车　　　2 台 $7.6m^3$ 的挖掘机
2 台 $1.2m^3$ 的挖掘机　　　1 台平地机
2 台压路机　　　　　　　6 台板式夯具

2. 水池施工用设备

2 台散装水泥运输车

1 座生产混凝土用的 $80m^3$/h 搅拌站

7 台运输骨料用的自卸卡车

1 台用于模板安装的 130t 移动吊车

3 台普通用途的卡车

2 台用于柱笼安装的 25t 移动吊车

4 台发电机

2 台浇筑混凝土用 $50m^3$/h 混凝土泵车

3 台钢筋制作用的弯筋机

8 台运输混凝土用的 $6m^3$ 混凝土罐车

3台钢筋制作用的切筋机

6台吹风、打砂用的移动式空压机

2台木模板制作用的台锯

10台混凝土捣固用的插入式振捣器

20台照明用的移动式照明灯

20台木工手持电锯

1台100t履带式走行吊车

6台千斤顶

3．劳动力配置

现场经理——1　　测量师——1　　工程师——3

质检工程师——2　　土方工长——1　　钢筋工长——1

模板工长——1　　瓦工工长——2　　木工——42

钢筋工——40　　普通工人——110　　土方设备司机——24

施工设备司机——28　　其他设备司机——10

（三）配套工程

1．混凝土工程

所有的混凝土全部集中搅拌，在距离水池工地1.5km处设置1座混凝土搅拌站，生产能力为80m^3/h。搅拌后的混凝土由混凝土罐车运至施工现场并直接到入混凝土泵车，用混凝土泵车把混凝土送至施工点。

2．钢筋工程

在距离水池工地300m处设置1处钢筋制作场，在场内配置钢筋制作用的3台弯筋机和3台切筋机。所有钢筋都集中制作，然后用汽车运到各个施工点，在现场进行绑扎。

3．模板工程

根据贮水池的结构形式和施工工艺，英国的RMD公司为其量身制作了一套定型钢模板。这套钢模板拆装简便，便于循环使用；模板加工精致，表面光滑。使用这套模板不仅保证施工质量，而且可以保证施工周期。因为在大人工河输水工程中还有许多类似的贮水池，所有钢模板均可多次使用。

五、主要项目的施工方法

1. 土方的挖掘与回填

普通土方挖掘工作进行至水池底的设计标高停止，注意在中心墙南北 1/200 的坡度问题。所有土方挖掘后的边坡坡度不大于 1:0.6，施工设备的外架要安全地置放在距坡顶至少 2.0m 处的位置上。挖出的土方应运到合适的地点，既不影响车辆进入现场又不积存雨水。最后为浇筑混凝土垫层做施工准备时，土壤的处理应以 45m 宽（半个水池的宽度）由东向西进行。

对于现场东西两侧的水池的进水口和出水口超挖部分，待完成水池底板以下部分的进水口、出水口墙体后，用三七灰土认真回填夯实，使其超挖部分的地基满足设计要求，也就是不允许影响水池底板的地基强度。

在水池底板开始施工前，所有水池下面和在水池基板约 35m 范围内的土方挖掘工作和回填工作均应完成。水池四周要设有临时排水措施，不准雨水进入施工现场。

2. 水池底板施工

（1）垫层混凝土浇筑

垫层设计厚度为 70mm，采用 C 级无筋混凝土（$210kg/cm^2$），垫层上部要求表面抹光；对于地基超挖部分也要求用 C 级无筋混凝土浇筑。垫层浇筑面积 $36400m^2$，不计算地基超挖部分需浇筑的 $2601m^3$ 混凝土。

在现场的西北角与水池基板持同一水平面修一条临时进出通道，让混凝土泵车、混凝土罐车以及其他机械设备进入水池底板区域。使用一台混凝土泵车，以水池东面为始端进行浇筑；当浇筑范围超出泵车工作区域后也可以用混凝土罐车直接进行浇筑。

地基平整夯实后，按照有关地基规范与设计要求对地基进行检查验收。测量工程师根据水平网格表和水池周围的测量网（为了工作方便，在水池周围每隔 20m 就布设一个临时水平点）提供垫层上表面的水平控制点。引放水池各部轴线控制桩与垫层模板外缘线，由有关工作人员用鱼线依水平控制点拉垫层表面抹光控制线，瓦工根据控制线对浇筑的混凝土抹光。对于大面积的垫层，把它分成若干条，进行分条浇筑。浇筑一条后，即拆除侧模，准备下一条垫层的浇筑。

新浇筑的混凝土，待其初凝后，洒水养生，同时用塑料薄膜覆盖。养生期结束后，根据水池底板的防腐要求，在底板施工前在垫层上面铺设防腐用的聚氯乙烯油毡（厚1mm）。

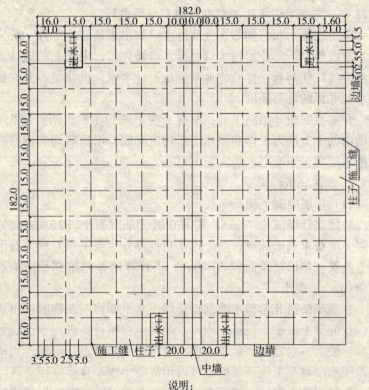

水池底板单元平面图

说明：
1. 所有尺寸除特别注明外，均以米为单位。
2. 所有钢筋混凝土结构均采用A级混凝土。垫层采用素混凝土，采用C级混凝土。
3. 具体位置见管道平面图。

图4-1 嘎拉布里水池构造图（一）

（2）底板施工

底板混凝土设计采用 A 级混凝土（315kg/cm²），根据施工图纸的要求，把底板共分成 156 块小施工单元分别进行浇筑，底板混凝土总量约为 16000m³。其中内底板 110 块，厚 300mm，以 15×15m 为一个小施工单元，每个施工单元混凝土量为 67.5m³；边底板 46 块，厚 450mm，以 17.63m×15m 为一个小施工单元。所有底板均要求用混凝土泵车浇筑，用插入式振捣器振捣，由人工进行表面抹光。混凝土表面要分两次抹压，首次随浇随抹，第二次在终凝前进行。待混凝土初凝后，用水养生，并覆盖塑料薄膜。

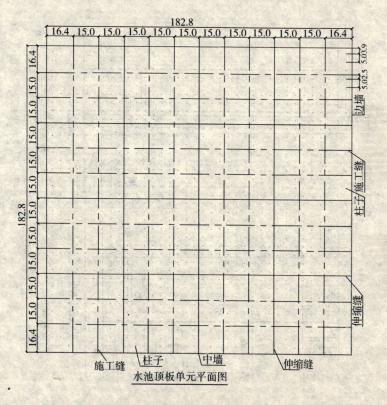

图 4-2 嘎拉布里水池构造图（二）

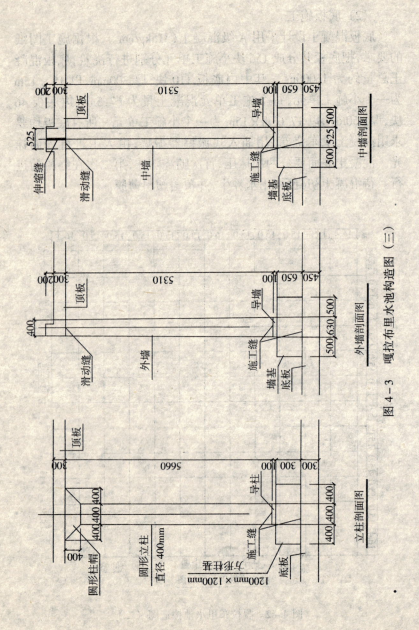

图 4-3 嘎拉布里水池构造图（三）

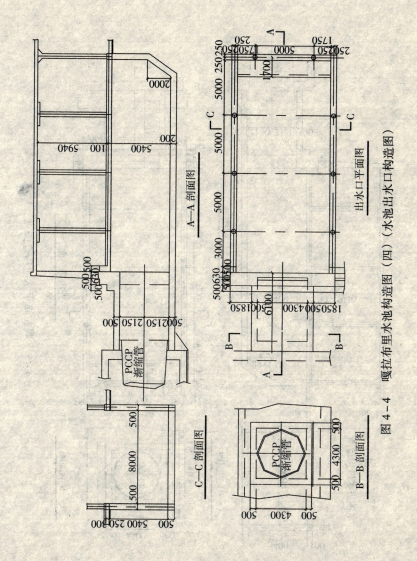

图 4-4 嘎拉布里水池构造图（四）（水池出水口构造图）

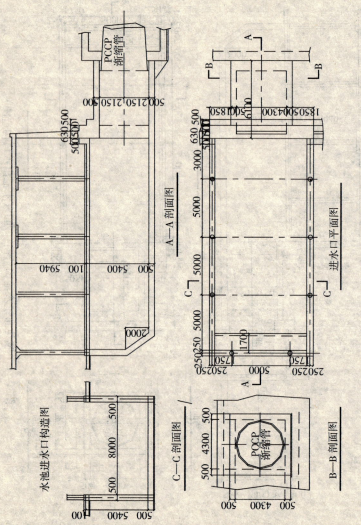

图 4-5 嘎拉布里水池构造图（五）

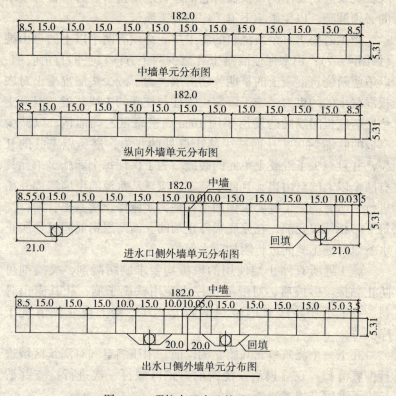

图4-6 嘎拉布里水池构造图（六）

测量工程师根据水平网格表和水池周期的测量网在水池垫层上定出水池的墙、柱、底板边等的位置，用射钉枪把控制点定在垫层上。施工人员根据测量工程师所给的施工控制线从水池东侧中间角墙开始第一块底板的钢筋绑扎。

在绑扎钢筋前，清扫现场，检查并用胶带修补破损的聚乙烯油毡。在适当位置放置 $40mm \times 40mm \times 40mm$ 的预制混凝土垫块，以确保底板下部钢筋保护层满足设计要求。钢筋绑扎按设计图纸要求的小施工单元块进行，墙的立筋、墙基筋、柱的立筋、柱基筋等的绑扎均要按施工图纸及施工控制线、控制点严格要求；在底板浇筑前,要用测量仪器对它们进行严格检查。有不符合要求的必须调整,以免影响下道工序的施工质量。

施工时要求每个新浇筑的施工单元必须有两个以上的自由端(如图4-7),用来保证混凝土有至少两个方向以上的自由收缩,以适应新浇筑混凝土的早期收缩需求。为了减少垫层混凝土对底板混凝土的约束力,施工缝应位于柱与柱间的中线位置。混凝土垫层与底板间隔的防腐层采用1mm高密聚氯乙烯油毡,以减少基板的收缩约束,从而减少施工缝处的张力,避免施工缝的开裂,并且减少了混凝土单元的裂缝。为了保证每个新施工单元具有两个以上的自由边,且便于施工,应该从水池的中墙端部开始进行。所有的施工缝要求做凿毛处理,使原停止端露出骨料;浇筑下一相邻单元前,在原底板停止端的立面两层钢筋间钉膨胀止水条以对施工缝间进行附加防水保护。

施工缝所有停止端使用的模板均要求刷缓凝剂,缓凝剂可防止黏接。拆模后,对混凝土停止端用铁刷子刷,让其露出骨料。一定不要将缓凝剂溅到钢筋上,万一溅上应立刻清洗干净。

在下一个浇筑单元开始立侧模前,用压缩空气对浇筑区域进行彻底清扫。在立模后、浇筑前对该区域再一次进行检查并清扫,不准留有施工残渣。

混凝土的垂直面模板要求浇筑24h后拆模,对非边模的停止端用铁刷做骨料露出处理,清理现场,为下一单元的施工做好准备。拆卸下来的模板应立即进行清洗,以便再次使用。

水池底板施工的关键是:确保底板各部分轴线位置及高程符合设计要求;钢筋位置(特别是底板内的预埋池壁、柱子插筋的位置)必须准确无误;混凝土的强度及抗渗标号要符合标准要求,钢筋各部位的保护层也要符合要求。

底板的每块小施工单元大约需要3天完成,预计可在5个月完成所有底板的混凝土浇筑工作。

3.水池的墙基、墙体的施工

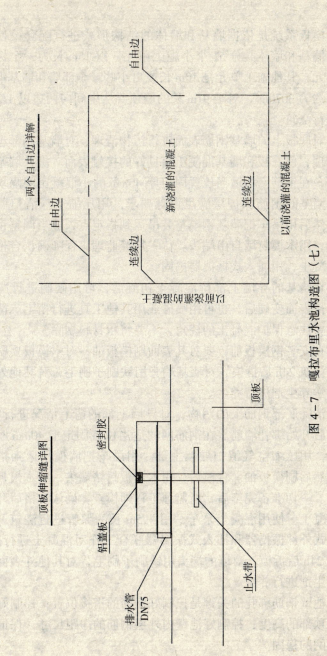

图 4-7 嘎拉布里水池构造图（七）

模板系统是依据墙基和墙体的结构形式进行配套设计制作的,墙基和墙体共分 51 个小施工单元,以 15m 长为一个标准施工单元,其他施工单元是 10m 长或更小些。全部墙和墙基混凝土总量约为 3070m³,对于 91m 长的墙顶要从中间向两边以 1/200 坡度进行浇筑。

对底板上的墙基钢筋表面进行污物清理,对墙基底部进行凿毛处理,使底板和墙基混凝土有良好的接触表面。绑扎墙基上的钢筋,在钢筋网的适当位置固定厚 40mm 的小混凝土间隔块,以确保墙基的钢筋保护层满足设计要求。用压缩空气清扫墙基底面,然后用吊车把墙基钢模整装吊运到指定点,适当调整钢模板位置,用木模封堵自由端头。待一切经监理工程师确认合格后浇筑混凝土,用插入式振捣器捣固。

在墙基的导墙上部待混凝土初凝后,可用硬刷进行凿毛处理,待表面变硬后,也可用喷砂或用其他工具进行凿毛。凿毛过程中要注意保护混凝土的棱角,不要将粗骨料剔除。

在安装钢模板前,要对其表面刷模板油,对木模板要刷缓凝剂。浇筑 24h 后拆模,对墙基端头用铁刷子刷毛,对其他外表面喷化学养生剂进行养生。

清除底部钢筋上的污物,对导墙上部的凿毛情况进行检查,合格后开始绑扎墙筋。在钢筋网的适当位置固定上 40mm 厚的间隔块,用压缩空气清扫导墙上部。用吊车把墙模吊运到指定位置,然后刷模板油。合模后,用木模板封堵端头,给木模板刷缓凝剂。一切准备完毕后,请监理工程师检查,确认合格后开始浇筑混凝土。使用混凝土泵车,用 4.5m 长的导管进行浇筑。使用附着式外部振捣器和插入式振捣器联合工作对混凝土进行振捣。浇筑 24h 后拆模,对墙的端头用铁刷子刷毛,对其他外表面喷化学养生剂进行养生。

池壁钢筋绑扎的关键是控制好钢筋的搭接位置;控制好竖向钢筋顶部的高度;控制好池壁内外层钢筋的净距尺寸,保证整体钢筋网的稳固。

池壁模板的质量直接影响池壁混凝土浇筑的质量水平,池壁模板应支搭牢固、稳定。该工程采用龙门桁架移动式整体大模板,可保证施工要求并加快安装拆移速度。整体模板的作法是用钢板做面板,角钢做骨架,焊接成与结构混凝土单元块相适应的大模板,用槽钢或立梁拼接后组装成整体模板。把整体模板悬挂、固定在底部有轮子的龙门架上,形成一套可推动的墙模板推车组。

当池壁钢筋绑扎验收后,即可迅速将模板移动安装就位,内外模板间用内外钢拉杆固定。固定模板的拉结螺栓分为三段,拉结螺栓的长度比结构混凝土厚度小 60mm;中间混凝土内的一段为两端带丝扣的内拉杆,两端为工具式的外拉杆。在浇筑混凝土 6~12h(视气温情况而定)后把外拉杆拧出,一般要求重复使用外拉杆。待墙体混凝土达到设计强度后,用特制的封堵材料封堵墙上的孔洞。

该工程分别配备了 5 组 15m 长的墙基和墙的钢模板,同时分别配有一个 T 型角模板和一个 L 型角模板。有 3 套墙模板推车组,在固定墙模板前,推车组用于支撑钢模板,也可用推车组将墙模板移至新的施工位置。在特殊情况下,为了提高模板利用率,使用吊车移动模板。

4. 柱基和柱体的施工

柱体和柱基混凝土设计采用 A 级混凝土,直径 400mm,共 1296 根柱子。分柱基和柱两次施工,第一次浇筑柱基,第二次浇筑柱体。

采用柱身连同柱帽模板为一体的整体式柱模,整体式柱模用螺栓连接,用横向支撑和斜向支撑固定。由 4 个钢制柱模板组成一组小推车(带四个轮子),该工程配有 9 组推车,一次可浇筑 36 根柱子。所有柱模在水池外组装完毕,第一次使用时,用 130t 吊车从墙外把整套柱模一次吊运至水池底板上,然后可用人工推至任何指定地点。

配有 36 组柱基钢模板,一次可浇筑 36 个柱基。每个柱基均带有100mm高的导柱模具,柱基可拆卸成几部分,可用人工搬运。

清除柱基原有钢筋上的污物,对柱基区域做凿毛处理,待检查合格后开始绑扎柱基钢筋。在适当位置固定上40mm厚的间隔块,用压缩空气清扫柱基区域,把已刷完模板油的柱基模板安装到位,然后浇筑混凝土,用插入式振捣器捣固。在柱基的导柱上部待混凝土初凝后,可用硬刷进行凿毛处理,待表面变硬后,也可用喷砂或用其他工具进行凿毛。浇筑24h后拆模,对柱基表面喷化学养生剂进行养生。

柱笼必须在施工现场的木架上进行水平绑扎,使用一台25t液压吊车在现场吊装柱笼。该吊车重25t,2.5m宽;起吊0.5t的重量时,工作半径为29m。吊车与墙平行作业,一个车位可安装10排柱笼。可用新开通道的办法移动吊车车位,也可在每一轮作业结束后,在一台推土机帮助下用130吨吊车吊运移动车位。

清除柱基原有钢筋上的污物,对导柱上面的混凝土表面做凿毛处理,待检查合格后安装钢筋柱笼。在适当位置固定上40mm厚的间隔块,用压缩空气清扫导墙,把已刷完模板油的柱模板安装到位。然后使用混凝土泵车,用4.5m长的导管进行浇筑,使用插入式振捣器进行振捣。待混凝土初凝后,可用硬刷对柱帽顶部进行凿毛处理,待表面变硬后,也可用喷砂或用其他工具进行凿毛。浇筑24小时后拆模,对柱体的外表面喷化学养生剂进行养生。

5. 顶板施工

顶板混凝土设计采用A级混凝土,所有顶板混凝土总量约为10150m^3。所有顶板均采用无梁楼盖结构,共分成16个独立大的施工单元进行浇筑。在顶板上,每间隔45m设一道膨胀缝(膨胀缝间采用特制的橡胶止水带连接),也就是9个小施工单元组成一个独立大单元。每个独立大单元又由9个小施工单元组成,总计144块小施工单元。每个小施工单元以15m×15m为基本单元,由施工缝分隔,每个小施工单元混凝土量约为70m^3。所有混凝土用混凝土泵车浇筑，用插入式振捣器振捣，用人工进行表面抹光。待混凝土初凝后，用化学养生剂养生。

顶板施工可根据已经进行的底板、柱子、墙等的施工进度从角处开始。顶板施工要求每个施工单元必须有两个自由端，以适应现浇混凝土的膨胀需求；施工缝应位于柱与柱间的中线。所有的施工缝要求做凿毛处理，使原停止端露出骨料；浇筑下一相邻单元前，在原顶板停止端的立面两层钢筋间钉膨胀止水条以对施工缝间施行附加保护。

顶板的支撑台有 10 组 $15m \times 15m$ 桌式模板，每组平台有 12 个独立支撑。顶板支架采用工具式支架结构，支架立柱下端有可调整高程的螺旋支座，每个支撑均可调高度，桌面可调高度至 6.06m。桌面是用厚 21mm 的密度板铺设的，密度板表面用聚氨酯涂刷以增加其使用时间，并减少与混凝土粘接。共配有 3 个可调千斤顶，3 组推车。撤模时，要在千斤顶配合下用螺旋支座降低桌式模板，再用推车移到新的施工位置。

在顶板的施工循序一般是：安装支撑顶板的桌模架，铺光滑的密度板，调整高度。绑扎钢筋，立模；浇筑顶板单元内的混凝土，做好养生。混凝土浇筑后的第 8 天，可分别按次序撤出顶板下的桌模，然后用 5t 可调支撑支在 4 个柱子的中间点；在支撑脚下使用木板垫，以防止支撑松动。该支撑可在 7d 后撤掉，但绝对不能认为该块板已达到设计的负荷强度；在施工中不要把超过设计荷载要求的物品放在顶板上。

按施工程序和实际能力，每个施工单元最短施工周期为 14d，顶板施工全部时间最低为 8.1 个月。

第二节 超大型水池施工缝的设置及施工处理

对于水池施工，一般尽量采用一次连续浇筑完成的施工方法，即水池底板、池壁、顶板分别整体浇筑，尽量不留或少留施工缝。对于较大型的水池，当必须设置施工缝或后浇带时，也要规定其准确设置，施工缝应避开剪力和弯矩较大处。混凝土在硬化过程中产生收缩变形，收缩变形主要是湿度收缩（干缩），其收缩量占整个混凝收缩量的绝大部分。如果混凝土的抗拉强度小于约束力，混凝土很容易产生收缩裂缝。

一、施工缝的重要性

由于所有水池的围护结构均采用自防水 A 级混凝土，表面不做辅助防水层。因此水池施工的关键是结构混凝土的防水与耐久性，而施工缝与伸缩缝的止水效果是水池防水的关键。混凝土在浇筑过程中，在终凝前的沉实以及以后的硬化、干燥与温度变化的条件下，水池结构混凝土将引起收缩和裂缝。因而对水池结构的承载能力、抗渗和耐久性都会产生重要的影响。对大面积防水混凝土施工时，可将混凝土划分成若干个小施工单元块逐个连续施工，经过特殊处理的施工缝，其防水效果是良好的，并且可减少甚至避免混凝土的裂缝。

二、施工缝的设置

1. 施工缝的设置依据

防水混凝土是靠自身的密实度来实现其防水功能的，大面积连续浇筑的混凝土容易产生裂纹。如果混凝土的密实度受到了破坏，防水能力就会降低。为了保证混凝土的防水性能，一次浇筑的混凝土面积不能过大，对于大面积的底板或墙壁就要设置施工缝。另外施工缝的设置除考虑混凝土面积外，还要便于施工处理，避开受力薄弱部位，且尽量使同类施工单元大小均等。

2. 底板的施工缝

整块底板尺寸是 $185.26m \times 185.26m$，除墙基处厚 450mm 外，其余底板厚 300mm。把底板设计分成 156 块小施工单元块，每块单独进行浇筑。中间内底板的单元块为 $15m \times 15m$、$15m \times 10m$；周边底板的单元块为 $15m \times 17.63m$。在施工单元间不设伸缩缝，浇筑混凝土前在施工缝纵端面间钉膨胀止水条。

膨胀止水条遇水就膨胀，它可以对施工缝间施行附加保护。

止水条被包在混凝土中，其抗水压力可为 0.8MPa，其膨胀率可为 200%，止水条遇水后体积膨胀，堵塞施工缝及周围毛细孔，达到可靠的防漏要求。

底板施工要求新浇筑的每个单元必须有两个以上的自由端，用来保证混凝土有充分的自由空间，以减少基板和钢筋对混凝土的收缩约束，减少混凝土的裂纹。为了保证每个新施工单元具有两个以上的自由边，且便于施工，应该从水池的中墙端部开始进行浇筑第一个施工单元块。

对于新浇筑的单元块，其相邻单元的混凝土必须已浇筑 24h 以上，也就是原混凝土已完成大部分湿度变形，适应现浇混凝土的膨胀要求。把施工缝设置在柱与柱间的中线上，混凝土要求浇筑 24h 后方可对垂直面模板进行拆模。对非边模的停止端用铁刷做骨料露出处理，清理现场，为下一单元块的施工做准备。

3．水池的墙基施工缝

墙基在底板的上部，边墙基断面 1630mm×650mm，总长 728m；中墙基断面为 1525mm×650mm，总长 182m。所有墙基施工缝与所在底板的施工缝一致，共 56 个施工单元。

每个墙基单元至少有一个自由端，墙基合拢处必须在转角处。在墙基与墙基、墙基与底板处设置双面止水条。为了下道工序浇筑墙体支模方便，在墙基上部设 100mm 高的导墙。

4．水池的墙体施工缝

水池外墙断面为梯形，上部墙宽 400mm，下部墙宽 630mm，总长 728m；中墙厚度为 525mm，总长 182m。墙体共设 63 个施工单元，转角处短边不小于 3.5m。所有墙体施工缝与所在墙基的施工缝相互错开不小于 5.0m，特殊地段为 1.5m。

每个墙基单元至少有一个自由端，墙体合拢处必须设在转角处。在墙体与墙基、墙基与底板处设置双面止水条。

5．顶板的施工缝

顶板的尺寸为 182.8m×182.8m，厚度为 300mm。共划分为 144 个施工单元，主要规格为 15m×15m 和 15m×16.4m，每 9 个施工单元组成一个大的单元块。大单元块间设一条宽 40mm 的伸缩缝，中间用橡胶止水带连接，上部用密封胶封闭，顶部设一条铝板覆盖（如图 7）。小施工单元间的施工缝的做法同底板施工缝一样。

6. 进水口、出水口的施工缝

出水口位于水池底板之下，净尺寸为 18.1m × 5.45m，该底板与墙壁厚度均为 500mm，在出水口底板与墙壁间设施工缝，施工缝间设置双面止水条。进水口的施工缝同出水口的施工缝做法几乎一样。

三、施工缝施工的注意事项

1. 单元自由端均采用木模施工，对木模板内表面要刷缓凝剂，使与木模接触的混凝土表面推迟凝固时间，待混凝土终凝后，立即拆模。这时，表面的混凝土还没有达到终凝，用钢丝刷刷其表面，再用压力水冲洗，使混凝土表面骨料均匀地露出来，形成一个良好的混凝土接触面。

2. 对于水平施工缝，在底板与墙基压光时，用钢丝刷刷其表面混凝土，使混凝土表面骨料均匀地露出来。混凝土硬化后，清除浮渣。

3. 对于施工缝表面处理不合格的，底板上的墙基钢筋表面有污物的，都要用风枪做喷砂处理。

4. 双面止水条用水泥钉固定，一般每隔 1m 设一个固定点，止水条间的搭接长度不小于 50mm。一般在浇筑混凝土前安装，避免浸湿；浇筑时要有专人负责，防止在浇筑和振捣时，将止水条碰掉或使其错位。

5. 对于墙体施工，施工缝应事先清洗干净，保持湿润，但不得积水。在浇筑混凝土前，应先铺一层 15~20mm 厚的与混凝土配合比相同的水泥砂浆。在钢模与原有混凝土间夹一层薄海绵，避免在缝隙处出现渗漏现象，解决了施工缝烂根子和蜂窝孔洞现象。

6. 振捣混凝土时，振捣棒距离施工缝不得大于 100mm，也不得漏振；表面压光时，应该让技术过硬的瓦工负责施工缝附近的工作，要压实、压光，接茬要顺平。

7. 顶板伸缩缝间采用特制的橡胶止水带连接，为保证止水带的施工质量，固定止水带时，一定要牢靠，避免施工时移动错位。止水带是设缝防水的关键，一旦出现问题，将无法确定其渗漏位置，也不易修补。因此止水带原材料、现场安装、接头焊接、施工保护与检验都很重要。为了保护伸缩缝和止水带不被破坏，在伸缩缝上部还要填嵌缝材料——嵌缝胶，在最上部还要盖上铝制盖板。

由于止水带中间有圆环，要求该圆环在两块混凝土板的接缝处，应安装准确，不应有偏倚。施工时，保证模板与中心圆环的密贴，要避免混凝土浆液流失，在止水带周围的混凝土严禁形成蜂窝、空洞和麻面等现象，导致渗漏。止水带附近的混凝土浇捣是确保止水带不渗漏的关键，要排除止水带下面的气泡，并仔细捣实。止水带附近的混凝土必须振捣饱满，且不允许出现转折或挤出止水带等问题。止水带中心部位 120mm 范围内不允许有缺陷、浮胶、气泡等问题的存在。止水带的焊接一定要保证施工质量，避免发生虚接或有砂眼漏洞的产生。止水带的"十"字接头应在工厂焊接，检验合格后方可使用。

四、避免混凝土出现裂缝的施工及其修补经验

1. 外界环境对混凝土施工和养护的影响

由于气候炎热，空气干燥，混凝土初凝时失水过快，表面极易产生龟裂。由于外界温度较高，混凝土初凝速度快，混凝土内部收缩应力的增加速度要比混凝土强度增加的速度快，混凝土自身没有足够的强度来抵御收缩应力的作用，极易产生裂缝；由于外界温度较高，对混凝土早期强化的影响也比较大。

为了防止混凝土产生裂缝，应加强混凝土在早期强化期的养护。在当地施工，由于气温高达 40~50℃，干燥炎热，混凝土表面水分蒸发非常快，如果不能保持其表面的水分，便会立刻出现龟裂。在施工中通常采取的措施是：对于底板、顶板之类的暴露

面,混凝土浇筑后立即用塑料布罩在混凝土表面上,防止水分过快的蒸发,然后开始一点一点的收面抹光,收完面的部分先用麻袋布盖在上面,并不间断地浇水养生。为保证混凝土强化所需水分和降低混凝土强化温度,养生期一般 5~7d。

2. 采用小施工单元间隔施工的优点

混凝土浇筑后,越是前期混凝土产生裂缝的可能性越大;混凝土构件越薄产生裂缝的可能性越大;混凝土面积越大产生裂缝的可能性越大。因此,要采用把整个混凝土底板、顶板、墙等分成许多小的单元块,且每个小单元块间隔施工的方法。相邻两块浇筑的时间间隔越大越好,以使混凝土有充分的收缩时间。时间间隔越相近越好,以使混凝土的收缩均匀,减少收缩不均而产生的应力裂缝。一般施工间隔时间要根据混凝土达到设计强度的时间来决定。

每次施工的混凝土面积和体积的变小,可以降低混凝土施工的不均匀性,保证混凝土的施工质量,使混凝土在强化过程收缩得比较均匀;从而降低混凝土强化过程产生的收缩应力,避免构件出现局部的裂缝破坏;还有利于混凝土构件的保养和处理,避免混凝土构件表面失水、出现开裂的现象。

3. 浇筑池壁混凝土的方法

浇筑池壁混凝土时,混凝土落差不大于 1.2m,要用软管导入,以确保其落差的要求;且要求分层连续浇筑混凝土,每层混凝土的浇筑厚度不应大于 40cm,沿池壁高度均匀摊铺;每层水平高差不大于 40cm。插入式振捣器的移动间距不大于 30cm,振捣器要插入到下一层混凝土内 510cm,使下一层未凝固的混凝土受到二次振捣。

4. 施工裂缝的修补

施工裂缝的修补应该在混凝土完成 40d 后进行,可采用灌注环氧树脂砂浆的方法进行修补。

修补方法:用手提式切割机将裂缝切 50mm 宽,25mm 深的凹槽,使用于修补的施工缝居中。把修补的施工缝清洗干净后,刷环氧树脂浆复合液一道，然后抹环氧树脂砂浆。修补时要注意混凝土基层必须干燥，环氧树脂砂浆必须随用随拌，如果拌完后半小时不用，应抛弃重新拌制。

第三节 附属构筑物的构造简图

在利比亚大人工河输水工程中，附属构筑物设计使用的混凝土强度标准是：

A级混凝土为 30.87MPa，用于上部结构的钢筋混凝土（基础、地梁、地板），表面可干露或潮湿；

B级混凝土为 25MPa，用于下部结构的钢筋混凝土，表面不潮湿；

C级混凝土为 20.58MPa，用于邻接墙、基础等结构的素混凝土，对露置在地下水的钢筋混凝土进行附加保护；

D级混凝土为 13.72MPa，无筋或少筋的混凝土（垫层），用于无防腐要求的地方。

具体的一些单体附属构筑物构造简图如下，仅供同行们参考。

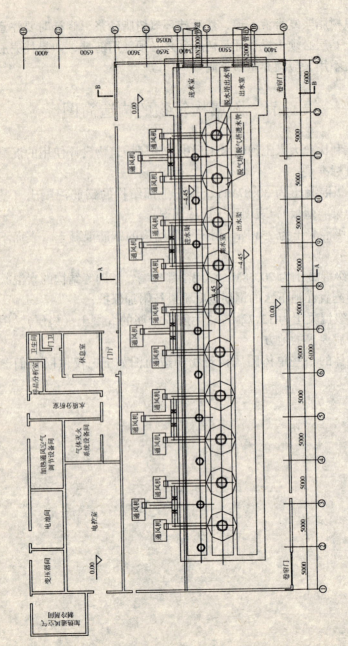

图 4-8 水处理构筑物平面图

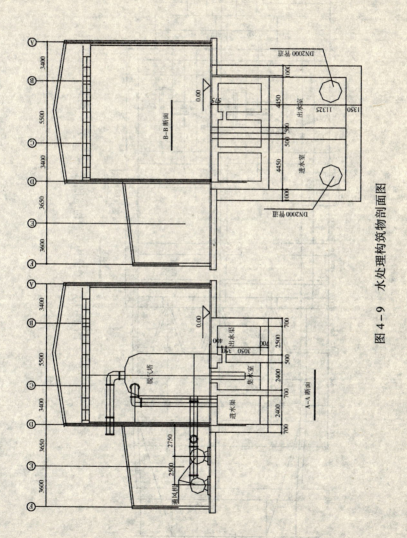

图 4-9 水处理构筑物剖面图

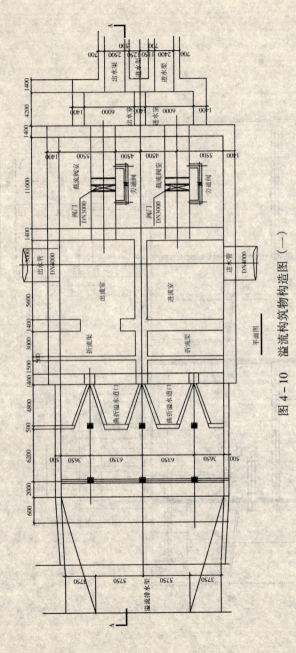

图 4-10 溢流构筑物构造图（一）

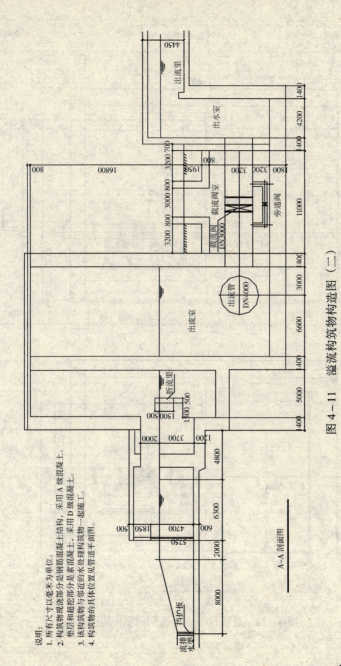

图 4-11 溢流构筑物构造图（二）

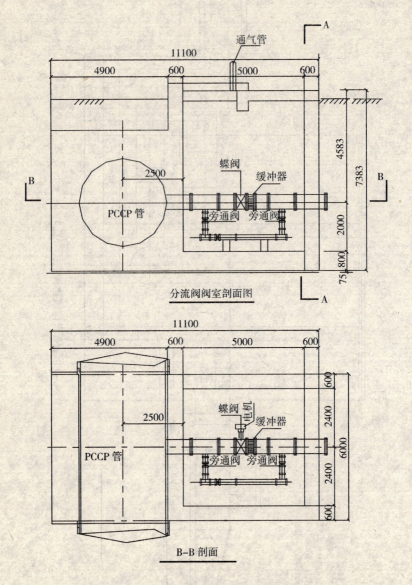

图4-12 直径600mm分流阀阀室构造图(一)

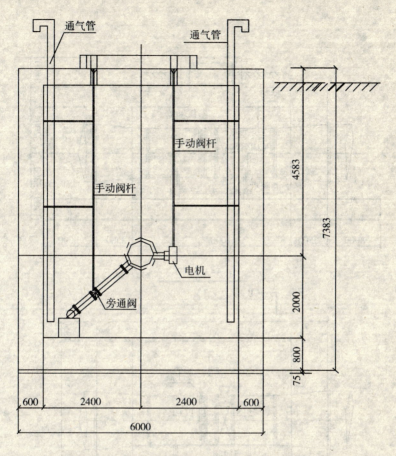

A-A 剖面

说明：
1. 所有尺寸以毫米为单位。
2. 构筑物是钢筋混凝土结构，采用 B 级混凝土。
3. 在阀室内设一个排水坑，分流阀上带有 DN200mm 的旁通阀，具体位置见管道平面图。

图 4-13 直径 600mm 分流阀阀室构造图（二）

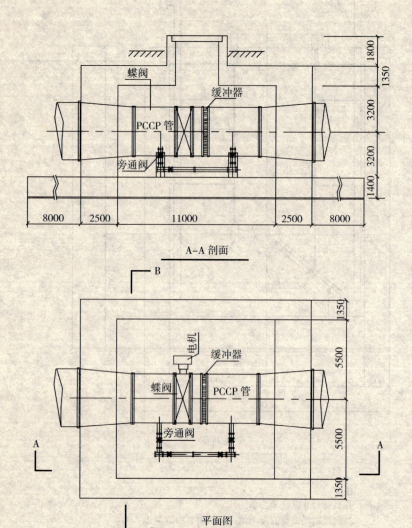

图 4-14 直径 3400mm 截流阀阀室构造图 (一)

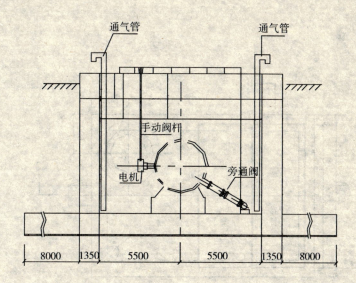

B-B 剖面

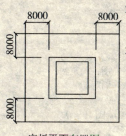

底板平面布置图

说明：
1. 所有尺寸以毫米为单位。
2. 构筑物现浇部分采用钢筋混凝土结构，采用 B 级混凝土，顶板预制部分采用钢筋混凝土结构，采用 A 级混凝土，垫层采用素混凝土，采用 D 级混凝土。
3. 在阀室内设一个排水坑，截流阀上带有 DN400mm 的旁通阀，具体位置见管道平面图。

图 4-15 直径 3400mm 截流阀阀室构造图（二）

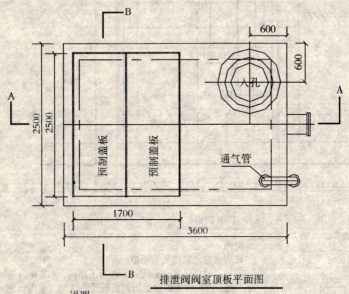

排泄阀阀室顶板平面图

说明：
1. 所有尺寸以毫米为单位。
2. 构筑物是钢筋混凝土结构，采用 B 级混凝土。
3. 排泄阀位置和排出管方向见管线总平面图，构筑物高度要根据管道的具体埋深和地形条件确定。

图 4－16　直径 300mm 排泄阀阀室构造图（一）

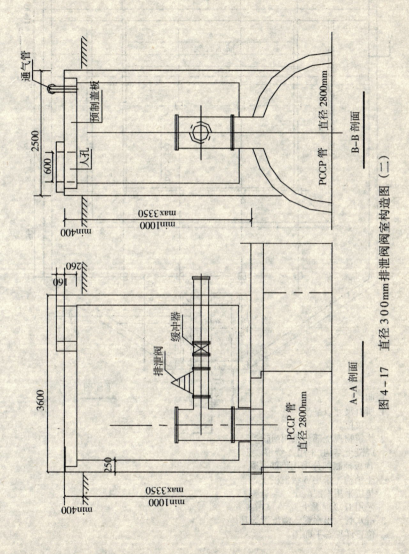

图 4-17 直径 300mm 排泄阀阀室构造图（二）

时，关闭进水和出水截流阀，进入水池的稳定阶段试验，开始进行第二水池的试验。

把水充到自由水头 160m，嘎拉布里到 BIN GHASHIR 输水管线就达到最大压力。立即就开始对管线接口和阀门的渗漏问题进行检查，对渗漏或其他问题进行修补处理。

完全打开 WT 调节排泄管路，允许截留在管线上游的剩余水通过嘎拉布里的溢流构筑物排除。当这部分剩余水排完后，才能打开 WT 导流管线上游的截流阀。

五、水质的确认

1. 水的碱度

在充水和检查期间，用于管线试验的水很可能从混凝土管上浸出 $Ca(OH)_2$，这些浸出物将增加水的碱度，使水质不再适合消费者的要求。如果碱度太高（pH 值大于 9），管道内的存水必须排放掉，再充以新水；如果需要，还要再冲洗高碱度的水，直到完全合格为止。

在充水和检查过程中，通过取水样和做试验，可以估算出这些水允许在管道中停留多长时间，而保持水的碱度不超过规定标准；估算出混凝土管道的氢氧化物的去除数率。

由于用于对嘎拉布里第一调节水池和第二输水管线试验的水在混凝土管中驻留的时间最长，因此这部分水的碱度很可能最高。

2. 嘎拉布里的上游

把整个输水管线分成两个独立段，由嘎拉布里调节水池的进水口截流阀分为上游段和下游段，以便分别进行换水工作。

根据有关要求，在嘎拉布里调节站的溢流构筑物溢流排放掉嘎拉布里上游输水管线内的高碱度水。打开井区内的所有可用井（33 眼），向输水系统泵水，彻底冲换管线中的高碱度水。监督检查嘎拉布里的溢流渠道及其出口，确保没有人员和动物驻留。对溢流水水质要不断地检查，大约溢流 20d 左右后，这时在嘎拉布里溢流的水质碱度会很低。

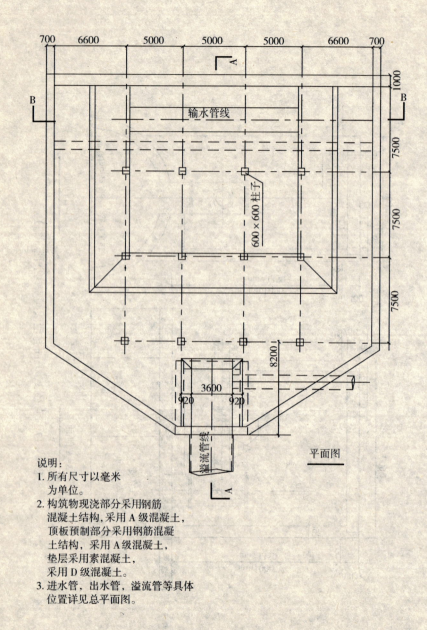

图4-18 溢流及车辆进入构筑物构造图(一)

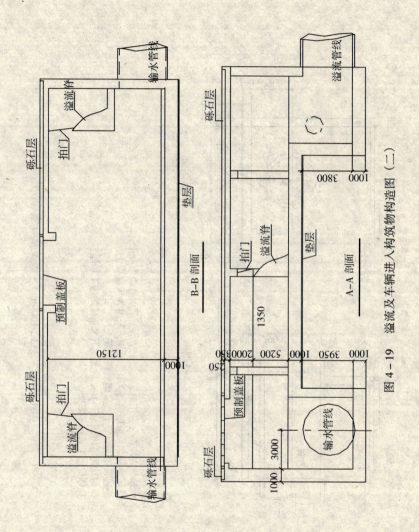

图 4-19 溢流及车辆进入构筑物构造图（二）

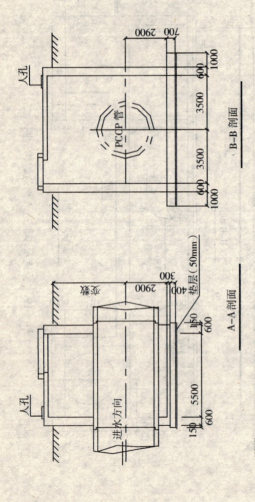

图 4-20 直径 4000mm 声波流量计室构造图

说明:
1. 所有尺寸以毫米为单位。
2. 构筑物现浇部分采用钢筋混凝土结构,采用 B 级混凝土,顶板预制部分采用钢筋混凝土结构,采用 A 级混凝土,垫层采用素混凝土,采用 C 级混凝土。
3. 该构筑物适用于地下 10m 内无地下水条件的施工场地具体位置见管道平面图。

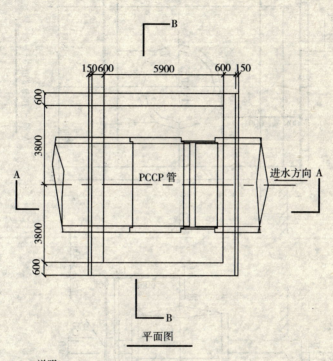

说明：
1. 所有尺寸以毫米为单位。
2. 构筑物现浇部分采用钢筋混凝土结构，采用 B 级混凝土，顶板预制部分采用钢筋混凝土结构，采用 A 级混凝土，垫层采用素混凝土，采用 D 级混凝土。
3. 该构筑物适用于地下 10m 内无地下水条件的施工场地，具体位置见管道平面图。

图 4-21　直径 4000mm 车辆进入室构造图（一）

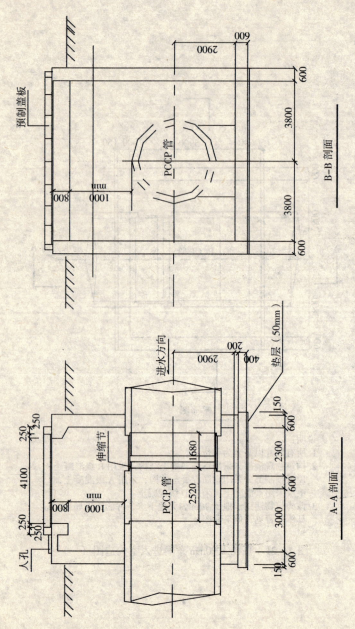

图 4-22 直径 4000mm 车辆进人室构造图（二）

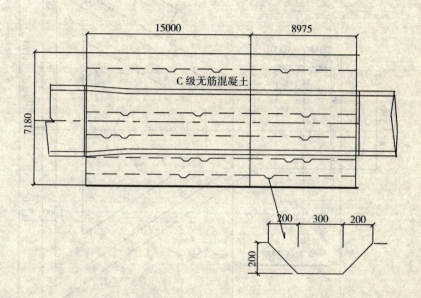

说明:
1. 所有尺寸以毫米为单位。
2. 该构筑物是无筋混凝土结构,采用C级混凝土。
3. 管道平面图的具体位置和地形条件决定。

图 4-23 DN4000×3600 渐缩管止推支墩

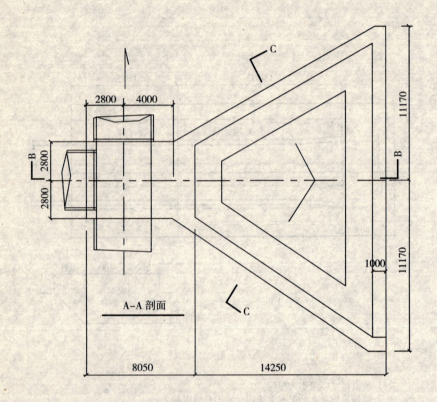

说明:
1. 所有尺寸以毫米为单位。
2. 构筑物底板是钢筋混凝土结构,采用 B 级混凝土,墙是无筋 C 级混凝土,垫层和回填用的混凝土采用 D 级混凝土。
3. 该构筑物适用于管径 4000mm×4000mm,管道压力为 0.6MPa 条件,有效埋深根据管道平面图的具体位置和地形条件决定。

图 4-24 T形止推构筑物构造图(一)

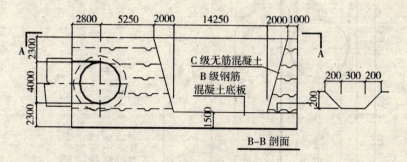

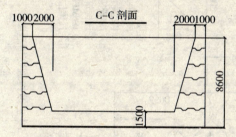

说明：
1. 所有尺寸以毫米为单位。
2. 构筑物是钢筋混凝土结构，采用B级混凝土，垫层混凝土采用D级混凝土。
3. 该构筑物适用于管径4000mm，管道压力为0.6MPa条件，有效埋深根据管道平面图的具体位置和地形条件决定。

图4-25 T形止推构筑物构造图（二）

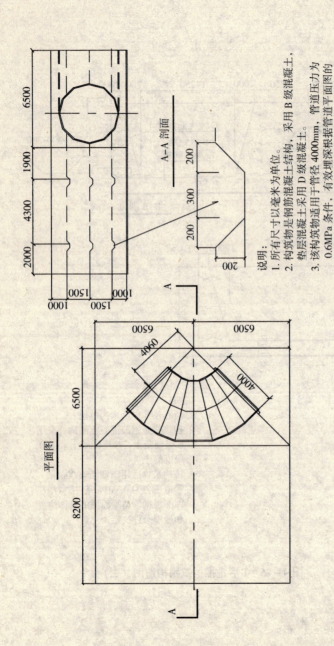

图 4-26 90°止推构筑物构造图

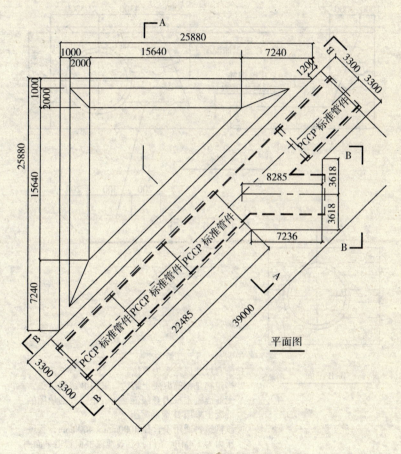

图4-27 45°止推构筑物构造图(一)

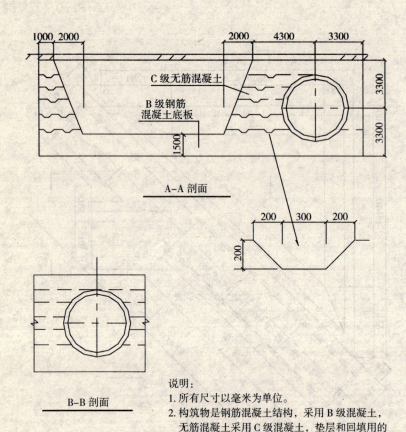

说明:
1. 所有尺寸以毫米为单位。
2. 构筑物是钢筋混凝土结构，采用 B 级混凝土，无筋混凝土采用 C 级混凝土，垫层和回填用的混凝土采用 D 级混凝土。
3. 该构筑物适用于管径 4000mm×4000mm，管道压力为 1.4MPa 条件，有效埋深根据管道平面图的具体位置和地形条件决定。

图 4-28　45°止推构筑物构造图（二）

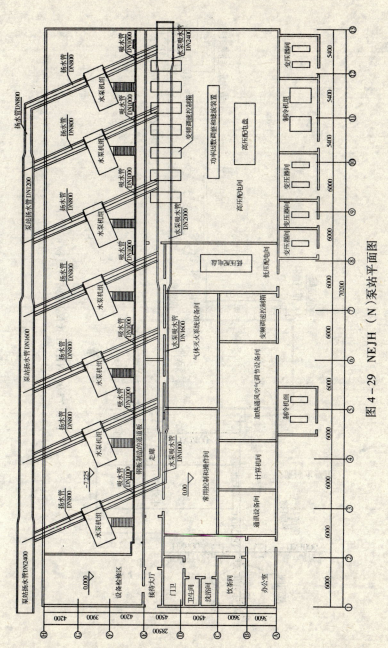

图 4-29 NEJH（N）泵站平面图

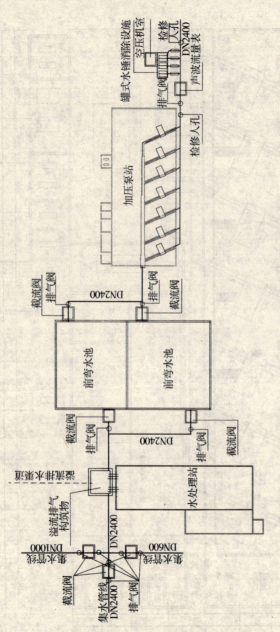

图 4-30 NEJH（N）泵站构筑物布置图

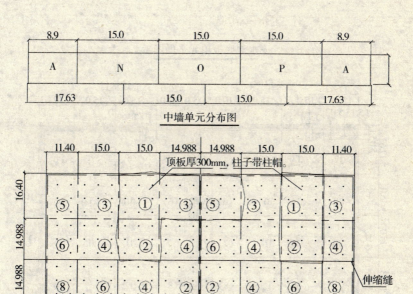

说明:
1. 所有尺寸除特别注明外,均以米为单位。
2. 所有钢筋混凝土结构均采用A级混凝土;素混凝土采用C级混凝土,垫层采用D级混凝土。
3. 具体位置见管道平面图。

图4-31 塔胡那调节水池构造图

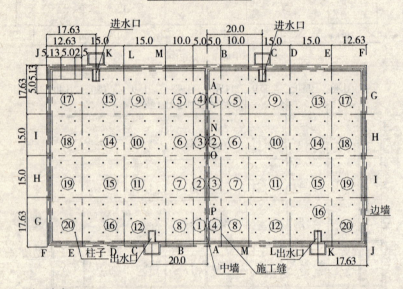

施工次序：
1. 顶板以伸缩缝分成独立的大施工单元，新浇筑的混凝土必须持续24h后，才能进行下一单元的施工。
2. 墙体按小施工单元进行顺序浇筑，除最后封闭单元墙外，每个施工单元要求有1个自由边，底板和顶板按小施工单元进行顺序浇筑，每个施工单元要求有2个自由边。
3. 水池底板以下列次序按小施工单元进行浇筑：1.2.3…20等，或1.5.9.13.17.2.6…20。
4. 水池墙体以下列次序按小施工单元进行浇筑：外墙A.B.C…M；内墙N.O.P。
5. 水池顶板以下列次序按小施工单元进行浇筑：1-2-3-4-5-6-7-8。

图 4-32 塔胡那调节水池构造图

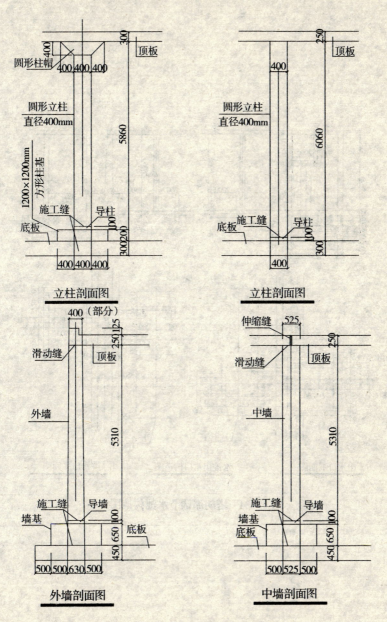

图4-33 塔胡那调节水池构造图

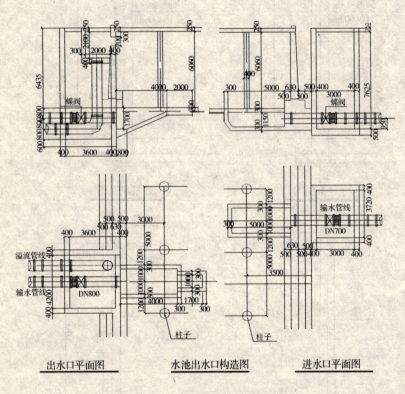

图 4-34 塔胡那调节水池构造图